AF324948

LA
CLAVELÉE

EN PROVENCE

SES CAUSES, SON MODE DE PROPAGATION, SA PROPHILAXIE

Par M. le Docteur

E. BOURGUET (D'AIX)

———◄►HK◄►———

MARSEILLE

IMPRIMERIE J. BARILE

rue Sainte, 6.

——

1870

LA CLAVELÉE

EN PROVENCE

SES CAUSES, SON MODE DE PROPAGATION, SA PROPHILAXIE

par M. le Docteur

E. BOURGUET (d'Aix)

INTRODUCTION.

Quelques personnes penseront peut-être, en lisant le titre de ce travail, que les questions qui y sont discutées se rapportent à l'étude d'une question toute locale, et ne doivent offrir par conséquent qu'un intérêt fort limité.

C'est là une appréciation contre laquelle nous croyons devoir les prémunir d'avance.

Les causes qui président au développement et à la propagation de la clavelée, en Provence, quoique méritant d'être étudiées à part, ainsi que nous espérons en donner la preuve, ne sont pas cependant exclusives à cette contrée. Les principales d'entr'elles, au contraire (agglomération des bestiaux, déplacement en masses considérables d'un pays à une autre, réunion sur les foires et marchés, transport par navires et par chemins de fer), se retrouvent dans bien d'autres lieux, et tout porte à penser que plusieurs de ces causes, les deux dernières en particulier, s'observeront beaucoup plus souvent encore à l'avenir, par l'effet de l'extension toujours croissante des relations commerciales in-ternationales et du rôle que tendent à prendre, dans ces mêmes relations, la navigation à vapeur et les chemins de fer.

Les mêmes remarques s'appliquent de tout point aux mesures sanitaires proposées dans la seconde partie de ce rapport, en vue d'arrêter les ravages de l'épizootie qui désole actuellement le départe-ment des Bouches-du-Rhône et plusieurs départe-ments voisins. Evidemment, il n'existe dans ces mesures rien qui soit absolument particulier à ces départements, et toutes les raisons que nous faisons valoir en faveur de la clavelisation *obligatoire*, s'ap-pliquent également au Nord et au Midi, à l'Algérie aussi bien qu'à la France, à la France elle-même, aussi bien qu'aux autres nations.

C'est donc uniquement au point de vue de l'u-tilité générale qu'il y aurait, croyons-nous, à régle-menter la clavelisation, à la vulgariser, à l'imposer indirectement aux populations agricoles, que nous serions désireux de voir les idées émises dans ce travail être mûrement examinées et discutées. C'est là aussi, nous ne craignons pas de le dire, le motif principal qui nous engage à le soumettre à la publicité.

PREMIÈRE PARTIE.

RAVAGES DE LA CLAVELÉE EN PROVENCE ; SES CAUSES ET SON MODE DE PROPAGATION.

I.

La clavelée (picote, claveau, clavelade, rougeole, mal rouge, gravelade, petite vérole, etc.,) est une maladie éruptive et contagieuse, particulière aux bêtes à laine, et qui présente la plus grande analogie avec la petite vérole de l'homme. Elle est caractérisée par des boutons qui se montrent aux ars antérieurs, à la surface interne des avant-bras et des cuisses, autour de la bouche et des yeux. La marche, les complications, la terminaison de la maladie, sont absolument les mêmes que celles de la variole humaine ; comme celle-ci, elle ne sévit qu'une seule fois sur le même individu, et sa nature contagieuse, au moyen de deux éléments ou *virus* : l'un fixe, l'autre volatif, est démontrée de la façon la plus inconstestable.

Cette maladie observée, de temps à autre, en Provence, comme dans toutes les autres parties de la France, peut-être cependant un peu plus souvent qu'ailleurs, y a pris, depuis quelques années, une extension exceptionnelle. Les ravages qu'elle a exercés, en 1868, dans les arrondissements d'Aix et d'Arles, ont été particulièrement considérables. Il ne nous a pas été possible d'obtenir des renseignements exacts pour l'arrondissement d'Arles ; mais il résulte des documents officiels, mis obligeamment à notre disposition par M. le Sous-Préfet d'Aix, que sur environ 200,000 bêtes à laine, que renferme ce dernier arrondissement, plus de 8,000 ont été atteintes de la clavelée dans le courant de cette année, et que sur ce nombre 2,500 à 2,600 ont succombé, ce qui représente une perte de plus de 50,000 francs, pour l'arrondissement, répartie entre 35 communes, et 130 propriétaires seulement. Il est à notre connaissance qu'un certain nombre de propriétaires ont perdu jusqu'à 40 pour 100 de l'ensemble de leurs troupeaux.

Quelles sont les causes qui ont déterminé cette fâcheuse extension de la clavelée, dans le département des Bouches-du-Rhône, en particulier dans l'arrondissement d'Aix, et à l'aide de quelles mesures ou de quels moyens peut-on espérer d'y porter remède? Tels sont les deux points principaux sur lesquels il nous a paru essentiel que la lumière se fît tout d'abord, et sur lesquels ont porté principalement nos recherches.

Il résulte de ces recherches, puisées à des sources nombreuses et variées, corroborées par deux travaux savamment élaborés, lus au Conseil d'hygiène d'Aix, dans la séance du 16 décembre 1868, par MM. Rougon et Sias, médecins vétérinaires membres de ce Conseil, ainsi que par la longue et très-intéressante discussion qui s'en est suivie, il résulte de ces divers documents, disons-nous, que les ravages occasionnés par la clavelée, dans un très-grand nombre de communes de notre arrondissement, doivent être attribués à deux causes principales qui sont : 1° *la transhumance* ; 2° *l'arrivage des moutons d'Afrique.*

Etudions le mode d'action de chacune de ces deux causes en particulier.

II.

A. — *Transhumance.* — La transhumance est une très-ancienne pratique agricole, usitée en Provence, de même que dans un grand nombre d'autres pays (l'Espagne, l'Italie, certaines parties des Pyrénées, etc.), qui consiste à faire voyager les troupeaux, pour les conduire, pendant l'été sur les montagnes, pendant l'hiver dans les plaines.

Ainsi que nous venons de le dire, cette coutume est très-ancienne en Provence. Elle y existait avant l'occupation romaine, et quelques auteurs n'hésitent pas à en faire remonter l'origine aux *Ligours* ou *Liguriens*, qui émigrèrent des côtes d'Espagne, avec leurs troupeaux et leurs familles, pour s'établir dans les plaines de la Crau et dans celles des bords du Rhône et de la Durance (1).

Quoi qu'il en soit, une pareille pratique, tout extraordinaire qu'elle semble au premier abord, en raison de la distance considérable que l'on fait parcourir aux bestiaux, est commandée ici par une nécessité impérieuse. Celle de procurer à ces animaux les pâturages qui leur sont indispensables, et un climat en harmonie avec les exigences de leur constitution physique.

(1) De Villeneuve, *Statistique des Bouches du-Rhône*, t. IV, page 570.

On comprend, en effet, que des troupeaux très-nombreux (le chiffre des bêtes à laine, soumises à la transhumance, dans le département des Bouches-du-Rhône seulement, s'élève à plus de 200 mille (1); on comprend, disons-nous, qu'un aussi grand nombre d'animaux ne pourraient pas séjourner impunément, pendant les mois de juin, juillet, août et septembre, dans les plaines de la Crau et de la Camargue, à cause de la chaleur très-intense du climat, de l'aridité du sol, du manque d'herbages et d'eau potable, sur un grand nombre de points, de l'insalubrité résultant d'ailleurs du voisinage des marais.

D'une autre part, les Alpes étant couvertes de neige, pendant l'hiver, les animaux ne pourraient pas y vivre et y trouver leur nourriture dans cette saison. Il faut donc, de toute nécessité, les déplacer et les conduire dans des lieux plus propices.

Cette émigration obligée des troupeaux transhumants, se fait deux fois par an, au printemps et à l'automne, tantôt un peu plus tôt, tantôt un peu plus tard, selon la température de la saison, et le plus ou moins d'abondance des herbages.

Réunis généralement, au nombre de 2,000 à 3,000, ils sont conduits dans les montagnes des Alpes et leurs ramifications, ou bien reviennent

(1) Nous croyons utile d'ajouter qu'en dehors du département des Bouches-du-Rhône, ceux du Var, du Gard et de Vaucluse font aussi émigrer, pendant l'été, une partie de leurs troupeaux dans les Alpes.

dans la Crau et la Camargue, en voyageant par petites journées, et suivant des chemins particuliers
ou *carraires* qui leur sont spécialement affectés. Le
voyage dure 15, 20, 25 jours, un mois et même
davantage. Pendant ce temps, les troupeaux par-
quent en plein air et pâturent un peu partout, sur
les bords de la route, dans des terres vagues, dans
des terrains réservés à cet usage, ou affermés par
les propriétaires des troupeaux ou les personnes
préposées à leur garde ; en un mot, ils fréquentent
des lieux et des pacages qui servent également
aux bestiaux des pays traversés.

Depuis l'établissement des chemins de fer, cette
méthode de faire voyager les troupeaux *transhumants* tend quelque peu à se modifier, et elle ne
tardera pas à l'être plus complètement, tout porte
à le croire, lorsque la ligne ferrée, actuellement
en construction de Marseille et d'Avignon à Gap,
et de Gap à Grenoble sera entièrement terminée.
Déjà, les troupeaux destinés à aller passer l'été
dans les montagnes du Dauphiné, de la Savoie et
de la Suisse, sont transportés, par chemin de fer,
jusqu'aux stations les plus rapprochées du lieu de
leur destination; ils sont placés à cet effet dans des
wagons spéciaux, dits *wagons à bestiaux*, où les
animaux restent enfermés pendant 24 heures et
plus ; ils y sont réunis ou plutôt entassés, au nombre de 80, 100, quelque fois même davantage, la
Compagnie du chemin de fer louant le wagon tout
entier, et les propriétaires de bestiaux ayant dès-

lors intérêt à y loger le plus grand nombre d'animaux possible.

Nous reviendrons dans un instant sur quelques-unes des conséquences qui découlent de la connaissance de ces faits, au point de vue des causes qui président à la propagation de la clavelée dans le département, mais auparavant, nous croyons nécessaire de faire connaître les principales particularités qui se rattachent à la seconde des deux causes admises plus haut; nous voulons parler de *l'arrivage des moutons d'Afrique.*

B. — *Arrivage des moutons d'Afrique.* — Depuis un petit nombre d'années, l'Algérie nous expédie une très-grande quantité de moutons. Pendant les mois de mai, juin, juillet, août, septembre et octobre, ces expéditions prennent surtout une extrême importance. Pour en donner une idée, il nous suffira de dire que le chiffre des moutons débarqués à Marseille seulement, du 1er janvier 1868 au 31 décembre de la même année, s'est élevé à 321,292 (1). Il y a là, comme on voit, une branche de commerce appelée, tout semble l'indiquer, à un très-grand avenir et qui n'intéresse pas seulement la prospérité de notre colonie africaine, mais aussi l'alimentation publique en France. On ne saurait donc accorder trop de soin à l'étude de toutes les questions qui s'y rattachent, en même temps que trop d'attention et de sévérité dans les déductions à en tirer.

(1) Il avait été de 251,475 pendant l'année 1867.

Pour comprendre l'influence que les arrivages des bestiaux d'Afrique exercent sur la propagation de la clavelée, en Provence et dans le reste de la France, nous croyons nécessaire, comme pour la transhumance, de faire connaître les principales circonstances qui se rapportent à ce genre de commerce.

Voici donc, d'après bien des renseignements, dont nous avons pu contrôler l'exactitude, comment les choses se passent :

Après avoir été achetés sur les marchés de l'intérieur de l'Algérie (Bouffarick, Blidah, Tiaret, le Kroups, Guelma, etc.), les moutons sont généralement concentrés et réunis , au nombre de 2,000, 3,000, 4,000, 5.000, dans des fermes louées, à cet effet, par les marchands de bestiaux, et situées à peu de distance des ports d'embarquement, afin que les animaux soient plus à portée pour être expédiés en France et dans de meilleures conditions d'engraissement.

Embarqués ensuite à Alger, à Bône, à Mostaganem, à Philippeville, ils sont transportés à Marseille, à Cette, à Toulon, sur des navires à vapeur, et placés là, au nombre de 1,500 à 3,000, une partie sur le pont, une partie sur l'entrepont, une partie dans la cale du navire. La chaleur développée par ces animaux, dans la cale surtout, est extrêmement considérable, le renouvellement de l'air ne s'y faisant que difficilement. Sur l'entrepont et sur le pont, ils sont tenus rapprochés les uns des autres, afin qu'il n'y ait pas de place perdue, en même temps que pour éviter les effets du roulis et du tangage. Ajoutons que les mêmes navires servent ordinairement à cette destination; qu'ils sont simplement lavés à l'eau de mer après chaque voyage ; enfin que la durée de la traversée est variable, selon l'état de la mer et le lieu d'embarquement ; qu'elle est parfois de 48 heures seulement, d'autres fois de 8 jours, le plus habituellement de 4 à 5 jours.

Les détails qui précèdent ne présentent pas un simple intérêt de curiosité, leur connaissance était indispensable pour l'étude de la question qui nous occupe. C'est là ce dont il sera facile de se convaincre par les développements dans lesquels nous allons entrer.

A. — La concentration et la réunion des bestiaux, en masses considérables, au moment de la transhumance, la fréquentation qu'il font, pendant toute la durée de leur voyage, d'un grand nombre de chemins et de pacages, parcourus par d'autres animaux, non soumis à l'émigration , l'agglomération analogue, mais plus considérable encore, qui existe dans les fermes de l'Algérie, avant l'embarquement des moutons pour la France, l'encombrement dans lequel ils se trouvent dans les wagons, pendant leur trajet en chemin de fer, et surtout dans les navires, pendant la traversée, constituent, en effet, autant de causes spéciales, on ne peut plus favorables à la production et à la propagation de toute maladie épizootique en général et de la clavelée en particulier.

Les choses ne se passent pas, dans ce cas, autrement que pour l'homme; or, tout le monde connaît le danger des grandes agglomérations humaines, au point de vue de l'hygiène publique. La clavelée étant une maladie qui peut tout à la fois se développer spontanément et se transmettre par contagion, de même que le typhus, la pourriture d'hôpital, le scorbut, la variole, la rougeole, etc., on conçoit facilement la part très-grande que doivent prendre à un pareil résultat les deux causes que nous venons d'analyser.

Mais tout en tenant compte du développement spontané possible de la clavelée, dans ces circonstances, on ne saurait se dissimuler cependant que ce ne doit pas être là la cause habituelle, tandis qu'elle doit, au contraire, le plus généralement se transmettre et se propager par contagion.

Il est difficile de supposer, en effet, que sur de telles masses de bêtes à laine, provenant de lieux et de troupeaux complètement différents, il ne s'en trouvera pas, de temps à autre, quelques-unes atteintes de la clavelée. Or, une seule bête claveleuse dans les fermes de l'Algérie, à bord du navire, pendant la traversée, dans les troupeaux voyageant isolément ou en chemin de fer, suffira pour exposer toutes les autres à contracter la maladie. Bien plus, le navire lui-même, ainsi que les wagons, malgré les lavages auxquels on les soumet après chaque voyage, peuvent conserver le germe de la clavelée, et la transmettre aux troupeaux sains qui y seront placés ultérieurement, à cause de la nature volatile du virus claveleux, qui, de même que celui de la variole, de la scarlatine, de la rougeole, etc., reste imprégné, pendant un certain temps, sur tous les objets qui ont été en contact avec les émanations virulentes. —Ce virus peut donc très-bien se loger dans les fissures, les interstices, les fentes, les anfractuosités des parois du navire ou du wagon, et cela d'autant plus facilement que ceux-ci ont été pour ainsi dire *saturés*, pendant un temps parfois assez long, par les vapeurs humides, provenant de la transpiration cutanée et pulmonaire d'un grand nombre de têtes de bétail, vapeurs éminemment contagifères, comme l'expérience l'a démontré depuis longtemps.

Il n'y a là certainement rien de plus difficile à admettre et à expliquer, que de voir un troupeau sain prendre la clavelée, en traversant un chemin où aura passé quelque temps auparavant un troupeau claveleux, en fréquentant le même abreuvoir ou le même pacage, ainsi qu'il en existe beaucoup d'exemples dans la science, et que cela a pu être observé dans l'arrondissement d'Aix, en 1868; ou bien encore que de voir les murs d'une bergerie conserver pendant quelques mois, et même pendant toute une année, les germes de la maladie, comme dans une circonstance relatée par Hurtrel d'Arboval, dans laquelle un troupeau fut contaminé pour avoir été introduit dans une bergerie qui avait servi à loger un troupeau claveleux *une année auparavant* (1).

B.—Telles sont, à notre avis, les causes principales auxquelles il convient de rapporter la fréquence des épizooties claveleuses en Provence. Quant à l'extension plus grande que la maladie y a prise depuis quelques années, elle nous paraît surtout la conséquence des arrivages infiniment plus nombreux de moutons d'Afrique, et nous croyons que ces derniers, à leur tour, en sont atteints dans de très-larges proportions, *par suite de leur agglomération dans les fermes de l'Algérie et par ce qu'ils contractent très-souvent la maladie à bord des navires, pendant les quelques jours que dure la traversée.*

Nous trouvons la preuve de cette manière de voir dans un fait d'observation qui nous avait été déjà signalé par un certain nombre de personnes qui se livrent, depuis longues années, au commerce des moutons d'Afrique ; mais que l'enquête à laquelle nous nous sommes livré, pour l'arrondissement d'Aix, a mis complètement hors de doute. C'est que ces animaux, au moment de leur débarquement, ne présentent que fort rarement des traces de clavelée récente ; presque toujours au contraire, les boutons ne se montrent que 8 ou 10 jours, quelquefois même 15, 20, 25 jours, après leur arrivée en France. — Ainsi, sur 9 troupeaux de moutons africains, infectés de clavelée,

(1) O. Delafond, *Traté sur la police sanitaire des animaux domestiques*, p. 552. Paris, 1838.

dans l'arrondissement, en 1868 , pour lesquels nous avons pu obtenir des renseignements précis, une fois seulement il a été possible de constater, sur quelques animaux, l'existence de croûtes déjà sèches, 5 à 6 jours après leur débarquement, ce qui permet de conclure qu'ils étaient malades avant d'être embarqués ; quant aux 8 troupeaux restants, ils paraissaient complètement sains, à l'époque où ils avaient été vendus sur les marchés de Marseille et d'Aix; les signes apparents de la clavelée s'étaient montrés, une fois le 7e jour, trois fois du 8e au 10e, deux fois du 10e au 12e, une fois le 14e et une fois enfin le 24e jour après qu'ils avaient quitté le navire.

La portée de ce fait tout pratique n'échappera à personne. Evidemment un pareil résultat ne peut être interprêté qu'en admettant que la maladie avait été contractée, par ces huit troupeaux, à bord des navires, pendant la traversée, à cause de la période d'incubation qui est, en moyenne, de 8 à 12 jours, mais se prolonge parfois jusqu'au ving-tième ou vingt-cinquième jour.

Quoi qu'il en soit, un fait incontestable reste acquis : *C'est que la clavelée est de beaucoup plus fréquente parmi les moutons de provenance africaine que parmi ceux qui ont été élevés en France.*

Cette différence est telle, que nous tenons de diverses personnes, dignes de foi, en position de bien voir et complètement désintéressées dans la question (des tanneurs, des marchands de peaux), que tandis qu'ils rencontrent fort rarement (une fois sur 300 ou 400 peaux, par exemple), des traces de clavelée récente sur les peaux de moutons de pays, cette proportion s'élève à 2 ou 3 pour 100, souvent même plus, pour les moutons d'Afrique.

III.

IMPORTANCE DE CETTE ÉTUDE.—DÉDUCTIONS ÉCONOMIQUES, HYGIÉNIQUES, INDUSTRIELLES, ETC.

Ces faits nous paraissent mériter la plus sérieuse attention. Ils n'offrent pas seulement une très-grande valeur au point de vue de la connaissance des causes qui ont amené une propagation insolite de la clavelée en Provence, et partant au point de vue exclusif de l'intérêt agricole de nos contrées, quoique cet intérêt soit très-grand, ainsi que nous l'avons fait voir en commençant ; ils ne mettent pas seulement en évidence que c'est à l'importation toujours croissante des moutons de l'Algérie qu'est due l'intensité des ravages de la maladie dans le département des Bouches-du-Rhône et quelques-uns des départements qui l'environnent, mais ils permettent encore de se poser un certain nombre d'autres questions d'une importance beaucoup plus générale, et dont la solution n'est pas moins essentielle et moins digne d'être poursuivie, telles que celles de savoir, par exemple : 1° S'il n'y a pas lieu de craindre que l'épizootie, franchissant son rayon actuel, se propage plus loin et y occasionne

les mêmes ravages que nous observons ici (1)?
2º Si toutes les précautions que commande une
sage hygiène sont mises en usage, de façon à ce que
le transport des bestiaux , par navires et par chemins de fer, ne devienne pas lui-même une cause
très-active de la propagation de la clavelée? 3º Enfin, si les moyens de transport , dont il s'agit , ne
peuvent pas contribuer, de leur côté, à répandre
toutes les maladies contagieuses épizooliques , et
s'il n'y aurait pas utilité à ce que des mesures
sanitaires , bien comprises et exactement appli-
quées, fussent instituées en vue de prévenir un
pareil inconvénient, sans renoncer pour cela à
bénéficier des immenses avantages que présentent
ces voies rapides d'échange et de communication?..

Nous ne possédons pas, on le comprend, des
données expérimentales qui puissent fournir une
réponse catégorique à chacune de ces questions. Il
nous suffira donc de les poser, en ce moment, et de
faire observer combien ce sujet est digne de fixer
l'attention de l'autorité et de provoquer des recherches suivies de la part des personnes qui se
trouvent placées dans des conditions favorables
pour cette étude. Nous ferons remarquer seulement
que les faits relatés, tout à l'heure, de contamination

(1) Les craintes que nous croyons devoir exprimer à cet
égard paraîtront d'autant plus fondées , que de nombreux
troupeaux de moutons d'Afrique sont expédiés, depuis quelque temps, par chemin de fer , dans la plupart des grandes
villes de France (Paris, Lyon, Avignon, Nîmes, Montpellier,
Toulouse, Bordeaux, Nice, Toulon, etc.)

des moutons d'Afrique, à bord des navires, ne permettent pas de considérer ces préoccupations comme purement hypothétiques, qu'elles sont de tout point rationnelles, et que le développement, de plus en plus considérable que tend à prendre l'importation, en France, des bestiaux étrangers, les rend parfaitement opportunes, en même temps qu'elle impose au gouvernement le devoir de s'éclairer, en faisant étudier cette question par des hommes compétents; afin d'être en mesure de sauvegarder tous les intérêts dont il est le tuteur naturel. — La navigation à vapeur et les chemins de fer ne perdront rien à ce que la question soit élucidée à fond, tandis qu'il y a bien des motifs de croire que le pays en général y gagnera.

Mais les problèmes économiques que nous venons de soulever ne sont pas les seuls qu'un examen attentif fasse découvrir dans le sujet qui nous occupe. A côté des circonstances susceptibles de favoriser le développement, la transmission et la propagation de la clavelée et de toutes les maladies épizootiques en général, question très-vaste et d'un intérêt vital pour l'agriculture et le commerce des bestiaux, viennent encore se placer une question *d'hygiène publique*, une question de *police sanitaire* et même une question *industrielle*.

On se demande tout naturellement, en effet, si la chair des animaux tués en pleine évolution claveleuse ne présente aucun inconvénient pour la santé et ne peut-être, en aucun cas, une cause de

maladie ou d'indisposition, chez les personnes qui
en font usage ?

En admettant que ce qui a été avancé à cet égard
soit exact, c'est-à-dire que la viande qui en pro-
vient puisse être mangée sans le moindre inconvénient (et nous croyons, pour notre compte, que ce
fait aurait besoin d'être plus solidement établi qu'il
ne l'est encore, principalement pour les animaux
atteints de la clavelée confluente et maligne), il
est incontestable que cette viande est loin de pos-
séder le goût, la saveur et les autres qualités culi-
naires de celle des moutons tués en parfait état de
santé, sans compter la répugnance naturelle
qu'elle inspire à chacun de nous !...

D'un autre côté, on se demande comment il se
fait que les lois et règlements qui régissent la police sanitaire, dans ses applications à la clavelée
ovine, n'aient pas pour résultat d'empêcher que
des animaux atteints de cette maladie à une période où le doute ne saurait exister, puissent être
embarqués en Afrique et débarqués en France?

Comment il se fait encore qu'un certain nombre
de bêtes claveleuses soient tuées par les bouchers
et livrées à la consommation, malgré la défense
qui leur en est faite par des arrêts, décrets et arti-
cles de loi on ne peut plus précis, en particulier
par un arrêt de l'Assemblée Constituante, en date
du 6 octobre 1791 ?

Evidemment, une surveillance plus exacte serait
nécessaire à cet égard, et il importerait que toutes
les personnes qui se livrent à ces diverses indus-

tries fussent rappelées fréquemment et tenues de se conformer à la stricte exécution de la loi.

Nous ferons la même remarque relativement au commerce des peaux fraîches et sèches, ainsi qu'à celui de la tannerie, auxquels s'appliquent des prohibitions identiques, dont l'expérience a fait voir bien des fois l'utilité.

Outre le danger que les peaux d'animaux claveleux présentent, comme cause productrice et propagatrice de la clavelée, il ne sera pas hors de propos d'ajouter que ces peaux, au lieu d'être une source de bénéfices, pour cette branche d'industrie, sont, au contraire, presque toujours, pour elle, une cause de perte. Il résulte, en effet, des renseignements que nous avons recueillis et de l'examen auquel nous nous sommes livré nous-même, à ce sujet, que les peaux dont il est question présentent le plus ordinairement des indurations circonscrites, assez souvent même des trous, dans les points correspondant aux grosses pustules, un amincissement très-appréciable portant sur les couches superficielles du derme, dans les points correspondant aux pustules plus petites, qu'elles sont moins souples, ratatinées par places, et ne peuvent, dans bien des cas, être utilisées que pour la fabrication de la colle. En un mot, on peut évaluer, sans exagération, à 25 ou 30 pour 100 la perte que les tanneurs éprouvent sur la peau d'un animal claveleux, sans compter que la fabrication de cette peau ne paraît pas toujours exempte d'accidents, et a pu provoquer, dans quelques circonstances, des éruptions pustuleuses sur les mains et les avant-bras, au dire de quelques-uns des industriels que nous avons consultés.

On le voit, la question embrasse des intérêts multiples, et mérite, à quelque point de vue que l'on se place, de fixer l'attention des hommes sérieux qui ont à cœur la santé publique et se préoccupent de la prospérité de leur pays, en même temps qu'elle est digne d'exciter la sollicitude du gouvernement.

La nature et l'étendue déjà considérable de ce travail ne nous permettent pas d'insister plus longuement sur chacun de ces points secondaires. Nous avons tenu néanmoins à les indiquer en passant, afin de faire mieux saisir l'importance du sujet que nous traitons, et l'indispensable nécessité d'en rechercher la meilleure solution pratique.

SECONDE PARTIE.

MOYENS A EMPLOYER POUR ARRÊTER LES RAVAGES DE L'ÉPIZOOTIE.

L'étude à laquelle nous venons de nous livrer, sur le mode de propagation de la clavelée en Provence et sur les causes spéciales qui permettent de se rendre compte de l'extension inaccoutumée qu'elle y a pris, depuis quelque temps, nous conduisent tout naturellement à l'examen des mesures sanitaires capables d'en arrêter les progrès.

Ces mesures sont toutes empruntées à la *prophy-laxie*, c'est-à-dire que les moyens auxquels elles font appel ont uniquement pour but de prévenir le développement et le retour de la maladie ou tout au moins d'en diminuer la fréquence et le danger. Pour la commodité de l'étude, nous croyons devoir les diviser en : 1° *mesures radicales*; 2° *mesures palliatives*.

PROPHYLAXIE RADICALE.

I.

Existe-t-il un moyen auquel l'épithète de *radical* soit parfaitement applicable, c'est-à-dire à l'aide duquel on puisse espérer de combattre et d'arrêter sûrement les ravages de l'épizootie qui désole et ruine actuellement nos contrées?

A cette première question, nous n'hésitons pas à répondre par l'affirmative. Oui, le moyen dont il s'agit existe; il est même connu depuis longtemps, et les preuves qui ne permettent pas de mettre en doute son efficacité sont aussi nombreuses qu'irré-cusables. Ce moyen, on l'a déjà compris : c'est l'inoculation de la clavelée, elle-même, la *claveli-sation*.

Pratiquée d'abord d'une manière empirique, comme une foule d'autres découvertes utiles, en plaçant dans l'intérieur d'une bergerie, au milieu d'un troupeau sain, une peau de mouton mort de la clavelée. Cette méthode a été régularisée et scientifiquement appliquée, vers la fin du siècle dernier et au commencement de celui-ci, par un certain nombre de médecins, de vétérinaires et d'agronomes, parmi lesquels on voit figurer des noms bien connus, quelques-uns mêmes illustres, tels que : Bourgelat, Venel, Gilbert, Chaptal, de Barbançois, de Gasparin, Hurtrel-d'Arboval, etc.

. Depuis lors, la clavelisation a été employée dans un très-grand nombre de circonstances; elle a été préconisée par tous les hommes compétents et par les agriculteurs qui y ont eu recours; ses succès, loin de se démentir, n'ont fait que s'accroître; en un mot, les services qu'elle a déjà rendus ou qu'elle peut rendre encore sont incontestés et incontestables.

Comment se fait-il cependant que ce moyen si utile ne soit pas généralisé; bien plus, qu'il reste encore ignoré, en beaucoup de lieux, par les populations agricoles?

La cause, selon nous, doit en être attribuée à ce que l'Etat ne s'est pas suffisamment préoccupé de le répandre, et que ce moyen a été abandonné, la plupart du temps, à l'initiative individuelle, toujours lente à se produire, surtout en France.

Le moment nous semblerait donc venu de réglementer cette opération, et la plus urgente de toutes les mesures à prendre, à cet égard, serait, à notre avis, de l'imposer comme une nécessité, en d'autres termes de la rendre *indirectement obligatoire*, dans un certain nombre de cas donnés, principalement dans le cas d'épizootie claveleuse sévissant sur toute une contrée, ou encore quand les troupeaux voyagent en masses considérables d'un pays à un autre, ainsi que cela a lieu tout particulièrement en Provence.

II.

Cette idée de *clavelisation obligatoire* soulèvera, sans aucun doute, quelques objections. On l'accusera, par exemple, d'être attentatoire à la liberté individuelle, de gêner la liberté du commerce, de léser un certain nombre d'intérêts privés?

A ces objections, il est facile de répondre que la véritable liberté ne saurait se passer d'une sage réglementation, que l'intérêt privé doit toujours rester subordonné à l'intérêt général, et que le devoir des gouvernements est de prendre toutes les mesures nécessaires pour prévenir le développement et l'extension des maladies contagieuses, chez l'homme et chez les animaux.

C'est ainsi que des mesures sanitaires ont été organisées depuis longtemps, en vue de s'opposer à la propagation des épidémies et des épizootie réputées contagieuses, telles que la peste, la fièvre jaune, le choléra, le typhus contagieux des bêtes bovines, la clavelée, les maladies charbonneuses, etc , etc.

Sans sortir de notre sujet, il existe, comme nous l'avons dit ailleurs, un certain nombre de lois, arrêts , ordonnances , arrêtés préfectoraux, qui obligent tout propriétaire ou dépositaire de bêtes à laines, atteintes ou soupçonnées de clavelée, d'en faire sur-le-champ la déclaration, de les isoler des bêtes saines, avec interdiction de les conduire dans les pacages communs, aux foires et marchés, ainsi qu'aux bouchers de les tuer et d'en débiter la viande, aux tanneurs et autres d'en vendre ou acheter les peaux, sous peine de l'amende, de la confiscation et même de l'emprisonnement.

Pour le typhus contagieux des bêtes à corne, des mesures et des pénalités analogues ont été aussi édictées. Mais ces mesures qui remontent au XVIIIᵉ siècle, et furent prises, pour la plupart, sous l'inspiration du sage ministre et de l'habile économiste Turgot, sont plus sévères encore et en apparence plus arbitraires, car elles exigent, non-seulement le sacrifice des animaux, reconnus malades, qui doivent être abattus incontinent, et enfouis à une grande profondeur, sans que les propriétaires aient droit à une indemnité dépassant le tiers du prix desdits bestiaux; mais exigent de plus, dans quelques circonstances, le sacrifice des animaux *simplement suspects ou voisins* des lieux contaminés, lesquels sont alors impitoyablement assommés, ainsi que cela a été pratiqué assez récemment en France, dans le département du Nord, de même, au reste, qu'en Angleterre, en Belgique, en Prusse, dans plusieurs provinces de l'Allemagne, etc. (1).

C'est ainsi encore que l'Etat intervient, dans une foule d'autre cas, pour empêcher la diffusion de

(1) H. Bouley, Compte-rendu de l'Acad. de Méd. Séance du 12 mars 1867.

certaines maladies contagieuses, telles que la si-
phylis, la variole, la rage, la morve, le farcin, le
charbon, en soumettant les prostituées à une visite
régulière , en exigeant un certificat de vaccine
pour l'admission des enfants dans les écoles gra-
tuites, les lycées, les écoles gouvernementales, un
grand nombre de carrières et d'emplois publics,
en obligeant tout propriétaire d'un animal, atteint
de rage, de morve, de farcin, d'affection charbon-
neuse, à en faire la déclaration à l'autorité, qui
devra faire procéder à la visite des animaux, afin
que ceux-ci soient séquestrés, abattus et enfouis,
selon qu'il y aura lieu.

Or, si l'Etat, dans notre pays (et tous les gouvernements civilisés en font autant) (1); si l'Etat,
disons-nous, n'a pas craint d'adopter de pareilles
mesures, quoique, en y regardant de près, elles
aboutissent toutes en définitive à restreindre la
liberté individuelle, à léser des intérêts privés, et
quelques-unes à restreindre considérablement la
liberté du commerce, nous ne voyons pas en vérité
pourquoi on pourrait hésiter à tenir une conduite
analogue en présence d'une maladie qui constitue
un véritable fléau, et vient occasionner trop souvent
la désolation et la ruine d'une contrée tout entière.

(1) Une loi récemment promulguée en Angleterre : le *Vaccination act.*, oblige chaque habitant du pays à faire vacciner
ses enfants dans un temps donné, sous peine d'amende ou de
prison.

III.

La question qu'il convient de se poser, dans la circonstance actuelle, n'est donc pas, selon nous, de savoir si la clavelisation obligatoire entraînerait quelques inconvénients ; mais bien de savoir si elle serait *utile* et si elle pourrait être *facilement mise en pratique?*

A chacun de ces points de vue, nous ne craignons pas de répondre affirmativement. Nous allons immédiatement en donner la preuve :

A. — Des relevés statistiques, établis sur un nombre immense d'observations ont démontré, depuis longtemps, ainsi que le remarque fort judicieusement M. Lefour, inspecteur général de l'agriculture, que, tandis que la mortalité, par suite de clavelée naturelle, était au minimum de 20 pour cent, et atteignait parfois les deux tiers et même la presque totalité du troupeau, dans les cas de clavelée inoculée, elle n'a jamais dépassé 2 pour cent (1).

En examinant en détail les diverses statistiques sur lesquelles repose l'assertion de M. Lefour, on peut même s'assurer que le plus habituellement la mortalité est restée inférieure à ce chiffre.

Ainsi, sur 32,131 bêtes à laine inoculées à Montpellier, par le professeur Venel, le docteur Chrestien oncle, Thorel, etc., de 1790 à 1815, 270 seu-

(1) Lefour, le *Mouton*, p. 372.

lement sont mortes, ce qui établit la proportion de la perte de 3 bêtes pour 400 (1).

Sur 10,000 bêtes inoculées par le conseiller Holmaister, en Autriche, il n'en mourut pas une seule, et ces animaux ayant été mis en contact avec des bêtes atteintes de la clavelée, aucune ne la reprit (2).

En Prusse, sur un total de 66,716 inoculations, 1,674 bêtes seulement sont mortes, ce qui donne une mortalité moyenne de 2 1|2 pour cent (3).

D'après les calculs du marquis de Barbançois, qui a beaucoup fait pour répandre la clavelisation en France, la mortalité ne se serait pas élevée à 1 pour 100, sur un total de 15,412 bêtes inoculées par ses soins, de 1806 à 1819 (4).

Sur 9,077 clavelisations pratiquées par un vétérinaire d'Issoudun, M. Guillaume, 14 seulement furent suivies de mort, ce qui constitue une proportion de 1 sur 674; tandis que sur 1,183 bêtes, faisant partie des mêmes troupeaux et ayant été atteintes de la clavelée, avant toute clavelisation, 636, c'est-à-dire plus de la moitié, avaient succombé (5).

Les professeurs Grognier, de Lyon, Girard et

(1) O. Delafond, *Tr. sur la police san. des anim. domest.*, p. 569.

(2) De Gasparin, *Des malad. contag. des bêtes à laine*, p.135. Paris 1821.

(3) H. Bouley et Reynal, *Nouv.dict de méd.de chir. et d'hyg. vétér*, t. III, p. 722. Paris 1857.

(4) *Ibid.*, p. 721.

(5) Hurtrel d'Arboval, *Dict.de méd. vétér.*, t. I, p. 484.

Dupuy, d'Alfort, n'estiment, de leur côté, les pertes, par suite de clavelisation, qu'à 1∤120 et à 1∤150. Enfin, à l'école vétérinaire de Vienne, où on s'est livré à des expériences très-nombreuses et très-suivies sur la culture du virus claveleux, cette inoculation est presque toujours bénigne, et le plus souvent il ne se développe qu'une seule pustule correspondant au point inoculé (3).

Ces faits, qu'il serait encore possible de multiplier, démontrent, de la façon la plus péremptoire, l'utilité générale et la très-grande bénignité de la clavelisation. Ils le démontrent tout à la fois par leur nombre, par la position scientifique et sociale des hommes qui les ont recueillis, par la variété des lieux et des pays où ils ont été observés. Nous craindrions, pour notre compte, d'en affaiblir la portée en y insistant davantage et cherchant à commenter des chiffres aussi explicites et aussi probants.

B. — Quant à savoir si la mise en pratique de cette opération serait possible, dans le cas qui nous concerne, c'est-à-dire si la clavelisation des troupeaux transhumants et des moutons d'Afrique pourrait être rendue obligatoire, sans présenter trop d'inconvénients et trop de difficultés dans son application, nous allons voir que la réalisation de cette mesure, tout en étant profitable aux intérêts agricoles de la Provence, ne porterait pas un pré-

---

(1) H. Bouley et Reynal, *Op. cit.*, p. 730.

judice sensible au commerce des bestiaux africains et ne modifierait en rien la pratique de la transhumance, tant celle suivie jusqu'à ce jour, que celle qui semble appelée à lui succèder, après l'achèvement complet du réseau du chemin de fer des Alpes.

Et d'abord, la clavelisation, considérée en elle-même, en tant qu'opération, quand on inocule par piqûre, comme cela a lieu le plus communément, est de la plus extrême simplicité; elle peut être pratiquée en tout lieu et à toute époque de l'année, pourvu qu'on ait à sa disposition du virus claveleux, chose facile à obtenir aujourd'hui qu'on est parvenu à conserver ce virus, non-seulement pendant quelques mois, mais pendant-des années ; elle peut-être exécutée par un homme de l'art, comme aussi à la rigueur par un berger intelligent, un simple propriétaire, un marchand de bestiaux, par conséquent sans frais ; enfin, on peut encore arriver au même résultat d'une manière plus simple et plus expéditive, en clavelisant par les voies digestives. Ainsi donc, à cet égard, nulle difficulté ne saurait s'élever.

Relativement aux mesures administratives destinées à la rendre obligatoire, elles n'auraient pas besoin, ce nous semble, d'être nombreuses et compliquées (1), il suffirait d'un simple arrêté préfectoral exigeant :

(1) Des mesures analogues à celles que nous croyons devoir proposer, pour le département des Bouches-du-Rhône, ont été prises, en 1801, par le préfet des Landes, et en 1815, par

1° Que, dans un délai déterminé, tout propriétaire ou conducteur de bestiaux, voyageant dans
le département, fut tenu, à la première réquisition
qui lui en serait faite par un délégué de l'autorité
(maire, garde-champêtre, commissaire de police,
etc.), de fournir la preuve irrécusable que les
animaux ont été clavelisés ou qu'ils ont été atteints
de la clavelée naturelle ;

2° Dans le cas où cette justification ne pourrait
pas être faite, les maires ou leurs représentants
seraient autorisés à interdire le passage de ces
mêmes troupeaux dans leurs communes respec-
tives. Il serait interdit également aux détenteurs
de bestiaux de les conduire, en pareil cas, dans
les foires et marchés du département.

IV.

Nous faisions observer tout à l'heure que l'application de ces mesures serait avantageuse aux
intérêts généraux de l'agriculture provençale, sans
préjudicier néanmoins au commerce des bestiaux
d'Afrique et sans modifier d'aucune façon la pratique de la transhumance.

En effet, la clavelisation étant très-facile à exé-
cuter et pouvant se faire partout, la conséquence
immédiate des mesures administratives qui viennent d'être indiquées serait d'obliger les proprié-

le préfet du Pas-de-Calais, avec l'approbation du Ministre de
l'intérieur. Les résultats en ont été des plus satisfaisants (H.
Bouley et Reynal, *Loc. cit.*, p. 748).

laires et les marchands de bestiaux à se mettre en
mesure d'inoculer leurs troupeaux. Cette pratique
se répandrait ainsi peu à peu et ne tarderait pas à
entrer dans les habitudes populaires, en Algérie,
de même qu'en Provence. Plus tard, le temps et
l'expérience aidant, elle se continuerait sans que
l'action de l'autorité eut besoin de se faire sentir
au même degré, car les propriétaires, les marchands de bestiaux, les Arabes eux-mêmes s'aper-
cevraient de l'utilité de ce procédé, comme moyen
de prévenir le développement de la clavelée naturelle, et ils seraient les premiers à en faire usage,
en inoculant leurs troupeaux et choisissant l'âge et
l'époque de l'année les plus favorables pour cette
opération. Ce ne serait donc qu'au début que la
mesure risquerait de rencontrer de l'opposition;
mais cette opposition, nous en sommes convaincu,
ne persisterait pas bien longtemps, en présence
des résultats obtenus. Les choses se passeraient, à
cet égard, très-probablement comme pour la vaccine, c'est-à-dire que les populations s'éclaire-
raient, qu'elles reconnaîtraient les avantages de la
clavelisation, et que les propriétaires alors y re-
courraient spontanément; bientôt ils se préoccu-
peraient de se procurer du virus claveleux, comme
on s'efforce aujourd'hui, dans les campagnes, d'a-
voir du virus vaccin, et ils le feraient inoculer ou
l'inoculeraient eux-mêmes, sans y être contraints
d'une manière directe ou indirecte.

Il importerait seulement, dans leur propre intérêt, que l'opération fut pratiquée au printemps ou à l'automne, et qu'elle fut faite chez les animaux encore jeunes (3 à 6 mois), l'expérience ayant démontré que les deux époques de l'année et l'âge précités sont de beaucoup préférables Il faudrait encore que les troupeaux soumis à la clavelisation ne pussent pas voyager et fussent cantonnés ou séquestrés pendant six semaines ou deux mois, avant d'être mis en rapport avec d'autres troupeaux non clavelisés, afin de prévenir l'éclosion de la maladie chez ces derniers. Enfin, il importerait aussi que l'inoculation fut constamment pratiquée dans une région du corps en évidence, telle que les oreilles, le dessous de la queue, la vérification en étant alors facile, en cas de doute ou de contestation, car la clavelisation, de même que la vaccination humaine, laisse à sa suite une cicatrice indélébile. Mais tout cela ne présenterait pas en réalité des difficultés sérieuses, du moment que la clavelisation porterait sur de très-grandes masses de bêtes à laine et que la mesure deviendrait générale.

En résumé, soit qu'on l'envisage au point de vue de son utilité générale et des services qu'elle peut rendre à l'agriculture, soit qu'on la considère au simple point de vue de son application pratique, *la clavelisation obligatoire se présente comme le moyen le plus rationnel et le plus efficace, nous dirons même le seul efficace pour arrêter les ravages de la clavelée qui désole en ce moment la Provence.*

PROPHYLAXIE PALLIATIVE.

Les détails dans lesquels nous venons d'entrer concernant les avantages de la clavelisation obligatoire nous permettront de passer plus rapidement ou tout au moins de ne pas insister aussi longtemps sur les mesures que nous considérons comme simplement palliatives, et partant ne possédant qu'une efficacité beaucoup plus restreinte.

Ces mesures peuvent se résumer de la manière suivante :

1° Nécessité de rappeler à tous les dépositaires de l'autorité, en particulier à MM. les Maires, les prescriptions du réglement du 21 juillet 1783, et de l'arrêté préfectoral des Bouches-du-Rhône du 1er avril 1806, aux termes desquels les troupeaux transhumants sont tenus de suivre des chemins particuliers ou *carraires*, depuis leur point de départ jusqu'au lieu de leur destination ; à ne stationner que dans des lieux déterminés, et en cas de maladie contagieuse, à prévenir à l'avance les maires des communes traversées, afin que les troupeaux sains de ces mêmes communes puissent être tenus à l'écart.

2° Pour les moutons d'Afrique, les faire visiter par un vétérinaire délégué à cet effet, au moment de leur embarquement en Algérie et au moment de leur débarquement en France, interdire l'embarquement de tout troupeau dans lequel on aurait constaté des cas de clavelée, et le faire cantonner ou séquestrer ; enfin procéder de la même manière pour les troupeaux reconnus malades après leur débarquement en France.

3° Obliger les armateurs de navires et les Compagnies de chemins de fer à faire procéder, après chaque voyage, à la désinfection des navires et des wagons qui ont servi à transporter des bestiaux, en les lavant d'une manière très-exacte au moyen d'une solution d'acide phénique, de sulfite de soude, de permanganate de potasse ou de tout autre liquide reconnu préférable; les soumettre ensuite à une aération et à une ventilation complètes, et éviter de les faire servir au même usage pendant plusieurs jours.

4° Dans le cas où il serait reconnu que des animaux atteints de clavelée ou d'une autre maladie contagieuse ont été transportés par un navire ou un wagon, procéder à la désinfection de ces derniers, en ajoutant aux lavages spéciaux qui viennent d'être indiqués, l'emploi des fumigations de substances chimiques, et ne pas permettre en outre que ce navire ou ce wagon soient rendus à leur destination première avant un délai de trois semaines ou un mois.

Ces mesures nous paraissent toutes conformes aux principes d'une sage hygiène prophylactique et commandées par la prudence; il y aurait donc lieu d'en recommander l'observation à la sollicitude éclairée de l'autorité supérieure, comme aussi des divers agents chargés du soin de les faire mettre à exécution.

Cependant, dans notre pensée, elles n'en méritent pas moins le titre de palliatives, et nous les considérons comme insuffisantes pour extirper le mal et empêcher à l'avenir toute diffusion de la clavelée.

Sans parler, en effet, des nombreuses difficultés de détail inséparables de leur mise en pratique et de leur inexécution trop fréquente de la part d'agents subalternes incapables d'en comprendre le but et la nécessité ; sans parler non plus des abus et des irrégularités auxquels leur application peut donner lieu, et doit inévitablement donner lieu, dans beaucoup de cas, de la part des délégués de l'autorité eux-mêmes, il importe de faire remarquer qu'il n'est pas toujours facile à l'homme de l'art de reconnaître la clavelée discrète, caractérisée par quelques boutons seulement. Et cependant, l'animal qui en est atteint propagera la maladie autour de lui et transmettra parfois une clavelée confluente, s'il n'est pas sequestré et isolé, car ainsi que nous l'avons dit en commençant, une seule bête claveleuse suffit pour infecter un troupeau tout entier.

D'un autre côté, l'agglomération considérable des animaux, pendant la période de la transhumance, dans les fermes de l'Algérie et sur les divers marchés de la Provence où ils sont conduits pour être vendus après leur débarquement, particulièrement sur le marché d'Aix, le plus important du Midi de la France, où 10 ou 12 mille moutons sont réunis toutes les semaines, enfin leur transport de plus en plus fréquent par chemins de fer, rendent la propagation de la clavelée et sa diffusion

au loin à peu près inévitable. Or, toutes les mesures palliatives qui viennent d'être indiquées et
toutes celles du même genre qu'on pourrait y
ajouter, malgré leur utilité relative, sont au fond
impuissantes pour empêcher l'action de ces diverses causes réunies, et ne sauraient écarter à l'avenir le danger de nouvelles épizooties claveleuses.

Nous signalerons également comme capable
d'empêcher ces mesures d'atteindre le but auquel
elles s'adressent une circonstance sur laquelle nous
nous sommes déjà expliqué ailleurs : c'est que,
chez les moutons d'Afrique, la clavelée *n'apparaît
généralement qu'un certain nombre de jours après
leur débarquement ; qu'elle n'est pas apparente
au moment où ils sont conduits sur les marchés
publics ou expédiés dans les principales villes de
France.* Et pourtant, on ne peut pas révoquer en
doute que la maladie n'existe déjà en germe, chez
ces animaux et qu'elle ne se traduise même le plus
souvent par quelques symptômes, tels que : la tris-
tesse, l'abattement, la perte ou la diminution de
l'appétit, une légère bouffissure de la face, le jetage,
etc.—Or, on peut se demander si, à cette période,
le mal n'est pas déjà transmissible? L'analogie,
disons mieux, l'identité presque complète qui
existe entre la clavelée et la variole de l'homme
nous porte à craindre, quant à nous, qu'il n'en soit
ainsi, sinon habituellement, du moins dans un certain nombre de cas?...

En somme, plus on creuse cette question, plus
on reconnaît qu'il n'y a pas grand fondement à

faire sur les mesures purement palliatives, et on arrive presque fatalement à cette conclusion finale qu'il est indispensable, dans l'intérêt de l'agriculture et de l'économie rurale, que le gouvernement intervienne autrement qu'il ne l'a fait jusqu'ici ; qu'il emploie tous les moyens en son pouvoir pour répandre la pratique de la clavelisation non-seulement en France mais en Algérie ; qu'il s'efforce de faire comprendre partout aux populations la simplicité et la bénignité de cette opération, la facilité et la promptitude avec lesquelles on l'exécute, et par dessus tout ses immenses avantages mis en parallèle avec les dangers de la clavelée naturelle.

Mais il ne faut pas se le dissimuler, à moins de l'imposer comme une loi, sous peine d'amende et de prison, ainsi que cela vient d'être fait pour la vaccination, en Angleterre, mesure peu en harmonie avec notre esprit national et que nous ne saurions recommander, pour notre compte ; à moins de l'imposer de vive force, disons-nous, les efforts seuls du gouvernement ne sauraient suffire. Pour réussir dans une tentative de ce genre, il a besoin du concours de tous les hommes éclairés et dévoués, des sociétés d'agriculture, des comices agricoles, des conseils généraux et d'arrondissement, des conseils d'hygiène, des académies et des sociétés savantes, de la presse, particulièrement de la presse locale. Il serait bon en outre que des instructions simples et claires fussent largement répandues dans les campagnes. Enfin à tous ces moyens de persuation et d'action morale devraient

encore venir s'ajouter, ainsi que nous avons cher-
ché à en faire une application au département des
Bouches-du-Rhône, quelques mesures administratives, sinon quelques dispositions légales, destinées à obliger, d'une manière indirecte, tous les
éleveurs de bestiaux à y avoir recours. En un mot,
nous croyons qu'il faudrait *démocratiser* la clavelisation, la faire entrer, de plus en plus, dans est
habitudes populaires, et pour cela imiter ce qui a
été fait, avec autant d'utilité que de succès, dans
notre siècle même, pour la propagation de la vaccine qui offre, ainsi que nous l'avons déjà fait res-
sortir plusieurs fois, une très-grande analogie avec
l'innoculation claveleuse.

Telles sont les vues pratiques auxquelles nous
a conduit l'étude de cette question. L'importance
du sujet, la nécessité d'en éclairer quelques points
obscurs ou peu connus, le désir de faire une œuvre
utile et profitable aux intérêts agricoles de la Provence et de tout l'Empire, nous ont mis dans la nécessité de donner à ce travail une étendue plus
considérable que nous ne l'avions supposé de prime
abord. Sans avoir la prétention d'avoir traité le
sujet à fond, et encore moins d'avoir résolu d'une
manière définitive et sans appel les diverses questions qui ont été soulevées, nous aimons à espérer
cependant que nos efforts ne resteront pas complètement stériles, qu'ils pourront être utilisés par
ceux qui s'en occuperont après nous, et qu'ils con-
tribueront à rendre plus facile la tâche qui in-
combe, en dernier ressort, à l'autorité supérieure.

Barbola Rodrigues

Ordo PASSIFLORÆ Endl.

Gen. **PASSIFLORA** Linn.

Sect. **Astrophaea** D. C.

1. PASSIFLORA ALLIACEA Barb. Rodr. scandens, foliis oblongis ad basin subcordatis nitentibus subacutis, petiol s ad apicem biglandulosis; pedunculis 1-floris retroflexis; floribus campanulatis, tubo 6-anguloso; coronae filis externis erectis compressis ad apicem glanduloso-uncinatis, filis internis parvis compressis cd apicem furcatis, corona interna membranacea apice pectinata; gyiandrophoro cylindrico, ad medium dilatato, sulcato, fructo parvo orato 6-anguloso flavo.

Tab. VII.

Frutex scandens cirratus *Rami* cylindracei, angulosi, nitenti. *Folia* coriacea, oblonga, subacuta, a basi subcordata, subundulata, nitida, uninervata, 4-5 arcuato-venosa, 0,^{m}115×0,^{m}065 lg.. *Petioli* teretes, contorti, superne subcanaliculati, ad apicem biglandulosi, c,^{m}02 lg.. *Pedunculi* solitarii, axillares, cylindracei, glabri, retroflexi, petiolos paulo minori. *Bracteae* minimae, dissitae. *Flores* penduli, campanulati. *Flores tubus* 6-angulatus, 0,^{m}01 lg.. *Sepala* esmeraldina, oblonga, obtusa, subcoriacea, concava dorso angulosa, 0,^{m}03×0,^{m}01 lg.. *Petala* albida, membranacea, sepalis duplo angusta et paulo breviora. *Corona faucialis* duplex, filis externi, erectis, compressis, petala subaequantibus, apice glanduloso-uncinatis, *internis* sub duplo brevioribus, erectis, apice furcatis, *corona media* e tubo medium emergens, incurva, apice pectinata. *Gynandrophorum* cylindricum, ad medio dilatatum, glabrum. *Filamenta* liguliformia; *antherae* oblongae, a basi emarginatae, subtus sulcatae. *Ovarium* oblongum, 6-angulosum, glabrum; *stylis* clavatis, recurvis, *stigmata* capitata. *Fructus* ovatum, 6-angulosum, glabrum, flavum, 0,^{m}045×0,^{m}038 lg.. *Semina* ovato-acuta, compressa, scrobiculata.

Hab *in restingas dictis prope* Rio de Janeiro. *Vulgariter* Maracujá de alho. *Flor. Dec. et fruct.* Jan.

Cette espèce croit aussi sur les rivages de la mer grimpant sur les branches de la végétation rabougrie des terrains sablonneux. Un œil peu exercé peut la confondre avec la *P. pentagona* qui croit également dans les mêmes endroits, car avec celle-ci elle a quelque affinité, mais en comparant les détails de la fleur et du fruit on voit qu'elle est tout-à-fait différente. Elle se rapproche encore de ma *Passiflora hexagono-carpa* des Amazones (1). Ses feuilles, ainsi que ses petits fruits, sont très aromatiques, et leur odeur nous rappelle celui de l'*Allium*, d'où son nom vulgaire: *Maracujá de alho*. Les fleurs sont blanches, n'ayant que les sépales qui sont trilignés et verts en dehors d'un vert d'émeraude ; les filets de la couronne ont les sommets vert-jaunâtres finement bordés de pourpre.

Elle a été rencontrée avec des fleurs et des fruits mûrs par le naturaliste voyageur de ce Jardin, J. Barbosa Rodrigues Junior, dans une de ses excursions, au commencement du mois de Septembre dernier.

Sect. GRANADILLA D. C.

2. P. AETHEOANTHA Barb. Rodr. scandens, foliis ovatis, subacutis, basi cordatis, petiolis ad medium biglandulosis; pedunculis 1-floris erectis; floribus campanulatis, tubo cylindraceo; coronae filis externis erectis filiformibus triplo sepalis minoribus, corona media brevi filamentosa; gynandrophoro oblique-elongato cylindraceo incurvo.

Tab. VIII.

Frutex scandens cirratus. *Rami* cylindracei, angulati. *Folia* subcoriacea, ovata, superne nitida, arcuato - venosa, purpureo - marginata 0,^{m}01×0,^{m}060 lg.. *Petioli* cylindracei, recurvi, ad medio biglandulosi, 0,^{m}015 lg.. *Stipulae* foliaceae, oblique ovatae, acutae, arcuato-venosae, 0,^{m}03×0,^{m}02 lg.. *Pedunculi* solitarii, erecti, 1-flori, foliis subaequanti,

---

(1) *Vellosia*. Ed. II. Eclogae Plantarum—pag. 24.—tab. IX

apicem versus articulati, bracteati. *Bracteae* foliaceae, ovatae, acuminatae, trinervatae, floris tubo vix velantes. *Flos* expansus, o.^{m}9—o^m,ro in diam. *Tubus* brevis, campanulatus, basi umbilicatus. *Sepala* alba, subcoriacea, liguliformia, obtusa, dorso carinata, concava, apice cornicnlata, o,^{m}o45$\times$o,^{m}oo8 lg.. *Petala* subaequalia, membranacea, alba, liguliformia, obtusa. *Coronae faucialis* biseriatae, filis externis erectis, viridis o,^{m}c12 lg., filis internis duplo minoribus, *corona media* brevi filamentosa, *corona basalis* membranacea, recurva. *Gynandrophorum* oblique arcuatum, elongatum, cylindraceum, basi cupula membranaceâ cinctum. *Filamenta* liguliformia, sulcata, recurva. *Antherae* oblongae, basi emarginatae, versatilis *Ovarium* ovoideum, glabrum, *stylis* clavatis, incurvis. *Fructus* ovoideus, triangulatus sub 6-angulatus, armeniacus. *Semina* oblongo-cordiformia, compressa, scrobiculata, margine transverse ruguloso sulcata.

Hab, *in vicinia urbis* Rio de Janeiro *in* restingas, *Flor*. Nov. *et fruc.*. Dec. et Jan.

Des Passifloras que j'ai étudiées, celle-ci a été trouvée par mon fils, J. Barbosa Rodrigues J.^{or}, naturaliste de ce Jardin, dans les *restingas* des bords de la mer. Elle y croît sur le sable, grimpe sur les branches des myrtacées, sur les cactus et les anacardiacées et produit, au mois de Septembre, de belles fleurs blanches, présentant déjà à cette époque de petits fruits mûrs d'une belle couleur jaune.

Au premier abord, on peut la confondre avec la *Tetrastylis montana*, car les feuilles, la couleur des fleurs et surtout le gynophore s'en rapprochent beaucoup; mais elle a son gynophore incurvé, comme aussi elle ne présente que trois styles et trois placentas, au lieu de quatre. C'est une espèce qui établit la liaison, entre les genres *Passiflora* et *Tetrastylis*. Les Passifloras ont toujours le gynophore droit et non incurvé; elles n'ont aussi que trois styles, quoique, en culture, elles en présentent très rarement quatre, nombre que, à l'état sauvage, ont toujours les Tetrastylis. Si cette espèce avait quatre styles, elle appartiendrait à mon genre Tetrastylis.

Elle a les feuilles coriaces, d'un vert luisant, dont les bords sont marginés de pourpre; la tige est pourpre aussi, quand elle est exposée au soleil; les fleurs sont blanches, mais la couronne et l'extérieur des sépales sont verts.

3. **P. VERNICOSA** Barb. Rodr. scandens, foliis membranaceis glabris superne vernicosis, trilobis, lobis medianum oblongis subacuminatis, lateralibus angustioribus longioribus serratis, petiolis ad apicem biglandulosis intus canaliculatis; stipulis subnullis; pedunculis petiolos majoribus; bracteæ oblongæ serratae. Fructo globoso glabro vernicoso.

Tab. IX.

Scandens. Rami cylindracei. *Folia* o,^{m}15×o.^{m}20 lata, basi cuneato, cordata, profunde trilobata, vernicosa, trinervia, lobis serratis, arcuato-venosa. *Petioli* o,^{m}04 lg. *Stipulae* subnullae. *Pedunculi* axillari, uniflori, penduli, o,^{m}05 lg. *Bracteae* oblongae, acutae, serratae, arcuato-nervosa, o,^{m}02×o,^{m}016 lg.— *Flores* campanulati o,^{m}—o,^{m}010 in diam.. *Tubus* brevis, basi intrusus. *Sepala* reflexa, subcoriacea, ligulata, concava, obtusa, ad marginem ulrinque glandulosa, dorsaliter ad apicem corniculata, o,^{m}036×o,^{m}010 lg., extus viridia, intus alba. *Petala* alba. oblonga, obtusa, subconcava, reflexa, sepalis paulo minora. *Coronæ faucialis* filis externis petalis majoribus, filiformibus ad apicem crispis, reflexis, basi purpureis, filis interminimis, *corona media* sub medio tubo assurgens, membranacea, angusta, incurva, *corona basalis* cupuliformia basi gynandrophori cingens. *Gynandrophorum* erectum, cylindraceum, a basi carnoso-dilatatum, quinque angulatum. *Filamenta* complanata, apice emarginata, *antherae* oblongae, utrinque emarginatae. *Ovarium* oblongum, glabrum. *Styli* claviformi, *stigmata* capitata, emarginata, viridia. *Fructus* globosus, glabrus, vernicosus, o,^{m}06 in diam..

Hab. in Amazonas. *Florit. Febr.*

Voilà encore une espèce qui vient augmenter le nombre de celles du genre Passiflora.

C'est une espèce à très belles fleurs que, néanmoins, on peut, à première vue ou sans une étude attentive, considérer comme une variété de la *Passiflora edulis* de Sims, ou même de la *P. edulis* de Velloso, la quelle n'est pas une variété de la précédente, comme le prétend le Dr. Maxwell Master, en la portant à la synonymie de la variété *pomifera* qu'il a établie.

Elles n'ont de commun que les feuilles trilobées et dentées ; mais, dans celle dont il s'agit ici, l'on remarque des différences dans la forme des lobes et des dents, dans la consistance et dans la surface vernie, lisse ou pubescente, outre les détails et la couleur des fleurs et des fruits dont les uns sont grands, luisants, et d'autres petits et pubescents, sans parler de l'odeur et du goût qui sont différents. Il est vrai que ces espèces se rapprochent beaucoup entre elles, de sorte que pour accepter ces variétés établies, il faut admettre un grand polymorphisme qui n'est pas du terrain, ni du climat, ni de la culture, car les formes différentes apparaissent dans les endroits non cultivés.

Les différences sont tenues en compte par le vulgaire qui distingue ces espèces par les noms de *maracujá-mirim* et de *maracujá-de-doce*. La *Passiflora edulis* de Velloso, dont les détails ne sont pas les mêmes de celle de Sims, présentée dans la *Flora Brasiliensis*, a le nom vulgaire de *maracujá-de-doce*, et celle dont il s'agit, de *M. mirim*..

Néanmoins, ce dernier nom s'applique à toutes les Passifloras à petits fruits. Les fruits de l'espèce en question, sont beaucoup plus grands, luisants et non veloutés ; ils diffèrent aussi par le goût et l'odeur, outre les fleurs qui sont blanches, et les filets de la couronne qui sont lilas-bleuâtre.

Ordo BIGNONIACEÆ Pers.

Gen. **JACARANDA** Juss.

JACARANDA CHAPADENSIS Barb. Rodr. *Arbor* 5—6ᵐ alt., *rami* tortuosi. *Capsula* ambitu subreniformia, apice emarginata, basi subacuta, utrinque convexa, lignosa, durissima, extus nitida, flavescenti ferrugineo ad apicem maculata, intus cinnamomea 0,08×007 lg. ; *semina* reniformia, compressa, rugulosa, ala hyalina cincta, 0,ᵐ03×0,ᵐ028 lg.

Tab. X. fig. B. 1 – 9.

Hab. *in* serra da Chapada, *in Prov.* Matto Grosso. Caaroba *incolarum*.

Dans mon excursion à Matto Grosso en 1897, je rencontrai cette espèce, sous le nom de *Caroba*, dans la *serra* de Santa Anna da Chapada, dans les *serrados* des champs, près du Corrego Secco. Elle n'avait malheureusement pas de fleurs et était presque dépouillée de ses feuilles, n'en présentant que quelques-unes déjà desséchées dont les folioles tombaient au moindre contact. Elle ne présentait que ses fruits mûrs sur l'arbre sans feuillage, ce qui est naturel aux jacarandas: en effet, à l'époque des fruits mûrs, ils n'ont pas de feuilles. C'est un arbre de 5 à 6 mètres de hauteur; il a son écorce jaunâtre et les branches étendues.

Quand je publiai les *Plantæ Mattogrossenses*, je laissai de côté cette espèce, ainsi que d'autres, pour fixer plus tard à quelle espèce scientifique elle appartient; mais, par ses fruits, je ne la trouve pas déterminée. Lindman et Malme en ont aussi trouvé quelques espèces à Matto Grosso; mais aucune n'est celle dont il s'agit. Elle se rapproche de la *J. Brasiliana* Pers.; mais ce n'est pas la même. N'ayant que les fruits pour tous éléments d'étude, je la présente, dans le doute, comme une espèce nouvelle.

Les parois extérieures des fruits sont luisantes, très épaisses, très ligneuses et très dures, d'une couleur jaunâtre, avec quelques taches d'un ton ferrugineux au sommet, et en dedans elles ont une couleur cinnamomée.

TYNNANTHUS IGNEUS Barb. Rodr.

in Vellosia, I, (1888), pag. 50, tab. 10 2ᵃ Ed. (1891), pag. 50.

En 1888, dans le Iʳ volume de la première édition de *La Vellosia*, j'ai publié cette espèce et je l'ai fidèlement représentée d'après nature à la table X; mais dernièrement M.M. les professeurs Bureau et Schuman, dans la *Flora Brasiliensis*, l'ont portée à la synonymie de la *Pyrostegia cinerea* Bur., genre auquel appartient aussi la *P. venusta*, Miers, l'ancienne *Bignonia venusta*, Ker., appelée par Velloso *B. ignea*, si connue à Rio de Janeiro et à Minas Geraes où elle porte les noms vulgaires de *Marqueza de Bellas* ou *Cipó de São João*. Je présente cette espèce, pour être la

plus connue comme type de la Pyrostegia, afin qu'on puisse bien voir si
j'ai ou non raison dans la revendication que je fais à présent. Mon Tynnanthus est tout-à-fait différent des Pyrostegias, parce qu'il est un vrai Tynnanthus selon les caractères et les planches même des savants auteurs plus
haut cités. Les feuilles, l'inflorescence, la grandeur et la forme des fleurs,
le calice, la courbature du tube de la corolle, la disposition des lobes de la
corolle, l'insertion, la position et la longueur des étamines, la forme des anthères, le prolongement du connectif, les capsules, les graines, tout enfin
nous montre un *Tynnanthus* et non pas une *Pyrostegia*. Si l'on excepte la
couleur jaune-braise de la corolle, ce qui, du reste, constitue un caractère
très secondaire, il n'y a rien de commun avec les formes de la *Marquezas
de Bellas* ou *Cipó de São João*, si connu parmi nous, car on le rencontre
dans les jardins et dans les champs.

Les Pyrostegias ont les lobes de la corolle presque égaux et recour-
bés avec les étamines et le style à découvert : tandisque les Tynnanthus
ont en forme de casque les deux lobes supérieurs sous lesquels se cachent
les étamines; le calice de la Pyrostegia est presque toujours tronqué,
denté court, tandisque celui du Tynnanthus est presque toujours denté
longuement avec les dents excurrantes. Le connectif de l'anthère, dans
les Tynnanthus, se prolonge, ce qui n'arrive pas dans les *Pyrostegias*.

Pour ces motifs je tiens toujours l'espèce en question comme étant
un vrai Tynnanthus; et, si la *Pyrostegia cinerea* de Bureau est identique
à la mienne, elle doit forcément appartenir au genre de Miers et être, par
conséquent, synonyme de la mienne. Mon espèce ne se rapproche des
Pyrostegias que par le disque. En comparant dans leurs détails les fleurs
des plantes 88 et 89 de la *Flor. Bras.* et les fig. E. F. de la planche 88
du *Naturl. Plasenf* n. IV à la page 217, avec les planches 98 et 99 de
la *Flora* et la fig. P. de la même planche de Engler et Prandt avec la
mienne, on verra que j'ai raison.

Il me suffit de dire que, selon Baillon (1), les « *Tynnanthus* ont la
corolle à deux lèvres très dissemblables : la supérieure en forme de casque
bilobé » (justement le cas de mon Tynnanthus); tandisque la *Pyrostegia* ne se «distingait des *Bignonias* que par la préfloraison valvaire des
lobes de leur corolle.»

---

(1) Hist. des Plantes, X. pag. 5.

BIGNONIA VESPERTILIO Barb. Rodr.

in Vellosia, I, (1888), pag. 53, tab. 12.

Dans l'ancien genre *Bignonia* de Linné, on classait autrefois toutes les espèces de la famille, les quelles, de nos jours, ont été séparées pour constituer d'autres genres, de sorte qu'il ne reste pour le genre type de la famille que la *B. unguis cati*, la *B. exoleta* Vell. et plus une douzaine d'espèces, y compris ma *B. platidactyla*. Mais la *B. vespertilio*, que j'ai décrite en 1888 fut portée à tort à la synonymie de la *B. exoleta* par M.M. Bureau et Schuman, la considérant une espèce identique. La B. exoleta est décrite par Velloso, dans sa *Flora Fluminensis*, à la page 248 de la première édition, 1825, en ces termes : « Foliis conjugatis; foliis ovato-lanceolatis; pedicellis bifloris; calyx truncatus, undulatus, laxus. »

Et il l'a bien représentée, à la table 30 du VI volume, comme les Professeurs Bureau et Schuman l'ont décrite et représentée dans la *Flora Brasiliensis*, page 283, tab. CVI, de la 11° partie du Vol. 8 publié en 1897; mais elle n'est pas mon *B. vespertilio*, comme l'ont jugé ces savants auteurs. Je pourrais admettre qu'on en fît une variété, mais non pas une synonyme. Je connais bien l'espèce de Velloso qu'on distingue tout de suite par ses longues panicules en guirlandes qui dorent les branches des arbres sur lesquels elle s'attache.

Mon espèce, quoique aussi à grandes panicules, a les feuilles différentes, à courts pétioles et non pas allongés; elle a les bords lisses et non pas serrés ou denticulés comme les a l'*exoleta*; elle a l'ovaire glabre et non pubescent; elle a quatre et non deux rangées d'ovules; son tube est aplati, les lobes de la corolle sont crépus et veineux, n'ayant que les griffes des feuilles et le calice semblables : néanmoins, le calice est glanduleux, et non pas sans glandules comme l'espèce de Velloso. C'est pour cela que je revendique ici mon B. vespertilio comme uma espèce différente.

Ordo ORCHIDACEÆ Lindl.

Gen. **STENORRHYNCHUS** L. C. Rich.

1. STENORRHYNCHUS VENUSTUS Barb. Rodr. caule gracilimo, sparse vaginato, glabro,; folia solitaria parva, petiolata, late ovata, breviuscule acuta, basi abrupte constricta rotundata; spica brevi, laxiuscula, 5-8-flora; bracteis lineari-subulatis, acutissimis, ovario majoribus; ovario lineari-oblongo, laeviter puberulo; sepalis glabris,dorsali lineari-oblongo, subacuto, ad apicem revoluto, lateralibus paulo longioribus, lineari-oblongis, obtusis, concavis, incurvis, basi laevissime gibbosis; petalis lineari-spathulatis, obtusis, apice recurvis ad marginem laeviter fimbriatis, sepalo dorsali paulo minoribus; labello erecto, apice recurvo, sepalis lateralibus aequante, ad medium constricto, basi dilatato, canaliculato, basi unguiculato et utrimque corniculato, trilobo, lobo medio subtriangulato, acuto, recurvo, convexo, lateralibus subrotundis, in medium convexis, erectis; columna breviuscula, inferne satis gracilis, antice puberula, rostello obtuso rostrato.

Tab. X. Fig. A.

Tuberidia lineari-clavata, puberula, $0,^m04$—$0,^m05 \times 0,^m007$—$0,^m008$ crassa. *Caulis* strictus, teres, $0,^m14 \times 0,^m002$ lg.. *Folia* erecta, $0,^m05 \times 0,^m04$ lg., nitida, petiolata; petiolus canaliculatus $0,^m025$ lg.. *Vaginae* caulinae 6-8, erectae, membranaceae, apice acuminatissimae, puberulae, inferiore majoribus, $0,^m013$—$0,^m015$ lg.. *Racemus* incurvus, $0,^m03$ lg.. *Bracteae* erectae, membranaceae, concavae, acuminatissimae, $0^m,01$ lg.. *Flores* mediocres, incurvi, pedicelli graciles, glabri, minimi. *Ovarium* laeviter arcuatum, cylindraceum, $0,^m007$—$0,^m008$ lg. *Sepala* viridia, membranacea, dorsalia ad apicem recurva, et alba, $0,006 \times 0,^m001$ lg. lateralia, concava, incurva, viridia, $0,^m007 \times 0,001$ lg., saccus concavus basi ovario adnatus. *Petala* membranacea, sepalo dorsali arcte conniventia, apice recurva, alba, $0,^m005$ lg.. *Labellum* membranaceum, album, ad basin intus flavum, $0,^m007$ lg.. *Columna* erecta, alba, $0,^m005$ lg..

Hab. *in silvis montanis* Gavea, *prope* Jardim Botanico do Rio de Janeiro, *Flor. Aug.*

Cette jolie petite espèce se rencontre dans l'humus des forêts qui environnent le Jardin Botanique de Rio. Elle a été trouvée dans les terres mêmes du dit Jardin. Les feuilles sont d'un vert noirâtre brillant, et les fleurs très bizarres sont, à première vue, d'un blanc de lait, car cette couleur domine le vert blanchâtre des sépales latéraux.

2. **S. TAQUAREMBOENSIS** Barb. Rodr. caule longiuscule, satis robusto, aphyllo, ad basin vaginato, pubescente; foliis radicalibus, rosulatis, erectis, subsessilis, lanceolatis. acutis, inferne attenuatis; spica elongata. laxa, multiflora; bracteis lanceolatis, acuminatis, erectis ad basin pubescentibus, trinervatis, floribus paulo superantibus; ovario subsessili, oblongo a basi attenuato, dense puberulo; sepalis puberulis, obtusis, dorsali lanceolato, concavo, basi gibbosa, apice recurvo, lateralibus paulo aequantibus, lanceolatis, basi gibbosis; sacco parvo, globoso, puberulo; petalis lineari-spathulatis, inferne attenuatis, sepalo dorsali paulo minoribus; labello erecto, apice recurvo, sepalis majore, oblongo, intus ad medium puberulo, laeviter trilobo, lobo medio reflexo, lateralibus erectis, rotundatis, basi sacciformi, bicorniculato; columna elongata, rostello obtuso, longe rostrato.

Tab. XI.

Tuberidia elongata, flexuosa, fuscescentia, inferne attenuata, $0,^m1—0,^m15$ lg., dense puberula. *Caulis* strictus, teres, pallide viridis, puberulo, $0,^m20—0,^m25$ lg. *Foliis* erectis. 6-8 contemporaneis, viridis, $0,^m09 \times 0,^m03$ lg., petiolus supra profunde canaliculatis, albicantis. *Vaginae* dorso angulosae, lineari-lanceolatae, acutissimis, basi vaginantibus, glabris, $0,^m05—0,^m07$ lg. *Racemus* erectus, $0,^m.09—0,^m10$ lg. *Bracteae* erectae, pallide-virides, rigidiusculae. $0,^m02 \times 0,003$ lg., concavae, acuminatae, triliniatae. *Flores* parvi, racurvi, pedicelli minimi, puberuli. *Ovarium* incurvum, viridi, spiraliter-sulcatum, $0,^m009$ lg.. *Sepala* intus alba et nitida, extus viridia; dorsale concavum, apice recurvum, basi gibbosum, extus puberula, $0,^m014 \times 0,^m003$ lg.; lateralia inferne saccata, laeviter concava, o,™o1×o,™oo2 lg. ; saccus globosus densiuscule puberulus. *Petala* membranacea, sepalo dorsali arcte conniventia, alba, o,™oo9×o,™oo2 lg. *Labellum* concavum, album, o™,o11 lg., ad medio o,™oo8 lat., infra lobulis o,™oo2 latum. *Columna* erecta, o,™oo7 lg.

Hab. *ad* Taquarembó *in* Republica Uruguay. *Collegit* Prof. Arechavaleta. *Flor. Oct.*

Cette espèce m'a été envoyée, parfaitement conservée, par le Professeur Arechavaleta, Directeur du Musée National de Montevideo, qui la trouva à Taquarembó, et la cultive maintenant.

Ordo PALMÆ Mart.

AMYLOCARPUS Barb. Rodr

Bactris *Mart. Palm. Bras. (1823-1850), pag. 98, 101, 102, 103, tab. 60, 70, 74;* Wallace, *Palm. trees of the Amaz. (1853) pag. 77, 87, 89. 91, tab XXVIII, XXXIII. XXXV ; Spruce Palm. Amaz. (1869) in Journ. Soc. Linn. XI, pag. 152; Barb. Rodr. Enum. palm. nov· (1875) pag. 26, 29, 30, 32, 33, in Vellosia (1888) pag. 43; Trail, Journ. of bot. (1877), pag. 4, tab. 184; Drude in Mart. Flor. Bras. (1882) III, p. II, pag. 325.*

Flores in eodem spadice simplici v. 1-8 ramoso, androgyni, sessiles, inferiores in ramulis 3-ni, intermedio fem.. FLOR. MASC. *Calyx* trifidus v. tripartitus, segmentis lanceolatis v. subulatis basi connatis carinatis. *Petala* multo majora, planiuscula, lanceolata, valvata. *Stamina* 6, basi petalorum affixa, inclusa, *filamentis* tortis, subulatis, *antherae* lineares, versatiles, basi bifida affixae; *germinodium* nullum. FLOR. FEM. masculis immixti iis minores. *Calyx* urceolaris tridentatus, laevis v. setulosus. *Corolla* calyce aequilonga, urceolaris v. cylindracea ore truncata v. tridenticulata. *Androeceum abortivum* nullum v. annulatum. *Ovarium* ovoideum v. cylindraceum ; *stigmata* 3 sessillia. *Drupa* globosa, subturbinata, monosperma, acuta, *epicarpio* pellicularis, coccineo, glabro v. setuloso, *me-*

zocarpio pulposo-farinaceo, plus minus flavo, *endocarpio* osseo, vertice tri-poroso, glabro. *Albumine* solido, aequabili, corneo; *embryo* poro uni oppo-situs.

PALMÆ *humiles, inermes v. aculeatae,* caudicibus *solitariis raro cues-pitosis, annulatis, inermibus, rarissime aculeatis.* Folia *integra, bifida, furca-ta v. regulariter v. irregulariter pinnatisecta, glabra v. pubescentia,* foliolis *pectinatis v. aggregatis, marginibus inermibus v. ciliatis,* petiolo *brevi v. elongato, laevis v. aculeato,* vagina *inermia v. aculeata.* Spadices *peduncu-lati, vaginas foliorum perfurantes;* Spathae *2, exteriore brevi, interiore multo majora, coriacea v. lignosa, cymbiformi, inermis v. setosa.* Flores *parvi, ochro-leuci.* Drupa *minima, globosa, coccinea v· miniata v. flava,*

Obs.—En faisant une révision du genre *Bactris,* j'ai été obligé d'en retirer quelques espèces pour établir ce nouveau genre, parce que celui qui fut créé par Jacquin, en 1763, dont le type a été le *B. major,* ne peut pas comprendre certaines espèces qui y ont été incluses par Martius et d'au-tres palmographes; car elles ont des caractères différents, surtout dans les fruits.

Les fruits des vrais Bactris, caractérisés par Jacquin, sont *atropurpurei et cerasi vulgaris magnitudine succum continent acidulum e quo vinum conficiunt Americani,* comme il nous dit à la page 280 dans son *Stirpium Americano-rum Historia.* Malgré cela, Martius, imité par d'autres savants, a rangé dans ce genre des espèces à fruits *rouges* et *petits* dont le mezocarpe est *char-nu* et présente ure *masse farinacée,* au lieu d'un liquide plus ou moins doux, ayant aussi (ces mêmes fruits) l'endocarpe *lisse* et non *fibreux.*

Admis le genre *Martinezia* de Ruiz et de Pavon, le *Atitara* de Bar-rère qui ont le mézocarpe *charnu-farinacé* et l'endocarpe *lisse,* deux gen-res qu'on peut assimiler au Bactris, je suis obligé à séparer de ce genre des espèces dont les fruits diffèrent des caractères de Jacquin.

Tous les vrais Bactris, *Marayás* ou *Tucuns,* ont les fruits plus ou moins noir-violacés, excepté les *Marayá-Piranga* qui ont les fruits rouges, mais à endocarpe fibreux, pleins d'un liquide acidulé comme ceux à fruits violacés.

Les espèces qui constituent ce genre ont toujours les fruits rouges, très petits, o^m,oo5-o^m,oo7 em diam., le mézocarpe constitué par une pulpe farinacée, en général couleur jaune d'œuf, comme celle des *Atitaras* et des *Martinezias*, et l'endocarpe lisse, triporeux au sommet, et non pas au milieu comme les Bactris. Les Indiens, à l'observation des quels rien n'échappe, ont reconnu qu'ils ne sont pas de vrais Marayás, et pour cela ils les séparent, les appelant *Marayá-rana* ou faux Marayá, ou *Ubim-rana*, dans certains endroits.

S'il y a eu des motifs pour écarter les *Atitaras* et les *Martinezias* du Bactris, ces motifs existent et justifient la création du genre que je propose, genre dont le nom caractérise le mezocarpe farinacé des fruits, de *amylon* qui tient de la nature de l'amydon et *carpos* fruit.

Je divise encore ce genre en deux sections : *Marayá-rana*, celle dont les espèces sont tout-à-fait inermes et presque toujours à feuilles entières, et *Yúyba*, celles qui sont défendues par des aiguillons.

Cette division est si naturelle que les Indiens l'ont établie, comme nous l'avons vu, ainsi que le Dr. Richard Spruce qui l'a enregistrée dans cette phrase, en s'occupant du genre *Bactris* :

« The smaller species of *Bactris* ressemble certains Geonomas closely in habit, and in the simple or pinnatisect forked leaves and the apparent absence of prickles, that they are often classed along with them by the natives under the nome of «Ubim-rana.» (1)

Sectionum et specierum clavis analytica.

SECT. I. — **Marayárana** Barb. Rodr.

Caudex humilis gracilis. Drupa coccinea pulposo-farinacea.

A. Folia bifida furcis integris plurinervibus v. in foliola pauca inaequaliter pinnatisecta, inermia.

Spadix 1-2 ramosus
Drupa laevis..................

1. A. *simplicifrons* (Mart.) Barb. Rodr.
2. A. *xanthocarpus* Barb. Rodr.
3. A. *ericetinus* Barb. Rodr.
4. A. *acanthoeaemis* (Mart.) Barb. Redr.

---

(1) Palm. Amaz. in Journ. Soc. Lin. XI pag. 143.

B. Folia bifida furcis integris plurinervibus setosa v. aculeata raro inermia.

Drupa laevis.................... 5. A. *arenarius* Barb. Rodr.
  »   setulosa.................. 6. A. *hirtus* (Mart.) Barb. Rodr.
  »   »   ? .... 6. A. *pulchrus* (Trail.) Barb. Rodr.

Sect. II. —**Yuyba** Barb. Rodr.

Caudex humilis gracilis saepe paulo aculeatus. Drupa coccinea pulposo-farinacea.

Folia regulariter v. irregulariter pinnatisecta aculeata.

Spadix 2-4 ramosus
Drupa laevis.................
  { 7. A. *mitis* (Mart.) Barb. Rodr.
  8. A. *tenuissimus* Barb. Rodr.
  9. A. *microspathus* Barb. Rodr.
  10. A. *formosus* Barb. Rodr.
  11. A. *pectinatus* (Mart.) Barb. Rodr.
  12. A. *linearifolius* Barb. Rodr. }

Drupa setulosa..............
  { 13. A. *hylophilus* (Spruce) Barb. Rodr.
  14. A. *settipinnatus* Barb. Rodr.
  15. A. *geonomoïdes* (Drude) Barb. Rodr.
  16. A. *cuspidatus* Barb. Rodr. }

Spadix 4-8 ramosus
Drupa laevis.................... 17. A. *marayá-y* Barb. Rodr.

Drupa ?......................
  { 18. A. *syagroïles* Barb. Rodr.
  19. A. *platispinus* Barb. Rodr. }

Gen. **ATITARA** Barr.

ATITARA Barrère, *Essai d'hist. nat. France équin.* (*1741*), *pag. 20 :* Margraff *Iatitara, Hist. nat. Bras. 1648, pag.* 64 Jussieu *in Dict. III, pag.* 277 ; Otto Kunze *Revis. Plant. 1891, pag.* 726 ; Baillon *Hist. des plant. XIII, 1895, pag. 401.*

Desmoncus Martius, *Hist. nat. Palm. II.* (*1824*), *84 tab. 68, 69, III 32, 277, 321,* tab. 165; *Palm. Orbign.* 47, *tab. 14, fig 3, 26 A* ; Kunth, *Enum. plant. III pag. 258* ; Endlicher, *Gen. Plant. pag. 254 N°. 1764;* Spruce *in Journ. Linn. Soc. XI, pag. 155;* Wallace, *Palm. Amaz. pag. 72, tab.* 27; Barb. Rodr. *Enum. palm. nov. pag. 24,* Trail *in Trim. journ. bot. pag. 353 tab. 183, f. 4;* Drude *in Mart. Flor. Bras. III. p. II. pag. 301. tab. LXIX, LXXI fig. 2-3, LXXII, LXX ;* Benth. et Hook *Gen. plant. III. 942;* Engler et Prandt *Pflanzenfam. II Teil. 3 Abteil pag. 86.* -

Monoeca in eodem spadice longe pedunculata simpliciter gracile ramoso, inter vaginarum foliis erupentes. *Flores* bracteati v. bracteolati, masculi in parte superiore ramorum solitaris numerosii, feminei inferiore utrinque floribus masculis stipati. *Flor. masc. : Calyx* minutus, annularis, membranaceus, trindentatus v. trifidus, dorso carinatis. *Corolla* tripetala, *petala* oblique lanceolata v. ovata, v. acuminata, valvata. *Stamina 6,* in furdo corolla inserta, parva, inclusa; *filamentis* minutis, subulatis; *antherae* l.-neares, basifixae, erectae. *Germinodium* minimum v. nullum. *Flor. fem.:* masculis multo minores. *Calyx* cupularis, ore 3-6 dentato. *Corolla* majora, ore tridenticulato v. longe tridentato. *Androeceum abortivum* nullum. *Ovarium* oblongum v. ovoideum, 3-loculare, loculis duabus effectis. *Stigmata* 3, acuta, recurva. *Drupa* pava, monosperma, ellipsoidea v. oblonga v., subrotunda; *epicarpio* tenui, glabro, nitido, coccineo, *mezocarpio* tenui, flavo, pulposo-farinaceo, *endocarpio* tenui, osseo, glabro, reticulatin venoso; *semina* endocarpium conforme, *texta* reticulata, *albumine* solido, corneo, *embryone* versus dimidium poro majore oppositus.

PALMÆ *gregariae.* Caudex *longe scandens, flexibilis, longe annulatis, lcevis, nitidus.* Folia *sparsa, subsessilia, longe vaginata, pinnatisecta;* vagina *longis-*

sima,aculeata, v. aculeatissima, raro inermia, in ochream producta, petiolo *bre-
vissimo, aculeato v. inermi, rachi in flagellum longum cirrhis validis decrescenti-
bus (foliolis abortivis) armatum, producta aculeata v. inermia.* Foliolis *oppositis,
v. alternis per greges, dispositis lanceolatis,acuminatis v. acutis, supra v. subtus
aculeatis, ad basin argute conduplicatis.* Spadices *solitarii v. 1-3 contemporanei,
gracilibus, flexuosi, pedunculo saepe aculeati.* Spathæ *amplae, exteriore multo
minore, vaginantia, apice aperta, vaginarum inclusa,* interiore *lignosa, lanceolata, acuta v. cymbiformi plus minusve aculeata, erecta, incurva v. decum-
bente ;* bractea *brevia.* Flores *albi.* Drupa *pisiformis, v. olivaeformis, coccineis.*

OBS.—Le genre *Atitara* fut présenté, en 1741, par Pierre Barrère
dans *l'Essai d'histoire naturelle de la France Equinoxiale,* que Marcgraff, en
en 1648, avait déjà notifié sous le même nom, ou plutôt sous le nom
d'*Iatitara,* comme on le voit d'une figure, à la page 48, dans l'*Historiæ
rerum naturalium Brasiliæ.*

Plus tard en 1824, le Dr. von Martius, quoique instruit de cette
dénomination, créa le genre *Desmoncus* pour les espèces qui, en général,
portent le nom vulgaire présenté par le compagnon de Pison. Le genre
Desmoncus a été donc adopté par tous les botanistes. Toutefois, le Dr.
Otto Kunze, dans la *Revisio Genera Plantarum,* a adopté l'ancien nom
de Barrère par droit de priorité et par la force des lois botaniques. Cette
détermination a été admise déjà par le Professeur Baillon dans son
Histoire des Plantes.

En l'acceptant aussi, dans un dernière révision de ce genre de plantes,
je l'ai divisé en trois sections qui très naturellement se présentent dans la
nature et que les Indigènes ont observées. Les *Urumbambas,* les *Yacitaras*
et les *Cuaçuás* correspondent aux deux sections du Professeur Oscar Drude, les *Bactridopsis* et les *Eu Desmoncus* où sont mélangés les *Cuaçuás* qui,
néanmoins, sont éloignés des autres espèces. Par le facies, les fruits et la
comparaison des plantes on les reconnaît facilement.

Le mot *Urumbamba* est la karany *Yrumbamb* corrompu par la pronon-
ciation portugaise, et signifie *Yru,* panier, et *mbamb,* qui se tord, allusion à l'usage que l'on fait de son stipe, qui se laisse fendre et tordre facilement pour en faire des paniers très durables. Les mots *Yacitara, Jacita-
ra, Atitara* de Barrère ainsi que *Yatitara* sont aussi karanys ou tupys et sig-
nifient *celui* qui saisit les individus, de *y* il, *acé* gens, *tara* saisit, allusion

au flagelle dont les dents s'accrochent à ceux qui en passent trop près. Le mot *Cuaçuá* veut dire *fruit des cerfs*, de *Cuaçu* cerf et *irá* fruit.

Sectionum et specierum clavis analytica

Sect. I, — **Urumbamba** Barb. Rcdr.

Caudex robustus, spadicis erectis ramos rigidos, folia aculeata, spatha interior aculeis rectis pungentibus armata. Fructus ellipsoides grandiores.

Vagina et rachis aculeis rectis e basi gibbosa
    dense armatis, foliolis aculeatis....... 1. A. *macrocarpa* Barb. Rodr.
    «   et rachis aculeis rectis sparse armatis, foliolis supra aculeatis .... 2. A. *prostata* (Lindm.) Barb. Rodr.
Foliolis superne longe rectis aculeatis...... 3. A. *Cuyabaensis* Barb. Rodr.
  »   »   breve aculeatis............ 4. A. *ataxantha* (Barb. Rodr.) O. K.
  »   inferne rectis aculeatis,........... 5. A. *rudenta* (Mart.) Barb. Rodr.
  »   »   raro aculeatis .... 6. A *horrida* (Mart.) O. K.
  »   utrinque aculeatis................ 7. A. *palustris* (Trail.) O. K.
  »   inermis........................... 8. A. *aerea* (Dr.) Barb. Rodr.

Sect. II. — **Yacitara** Barb. Rodr.

Caudex crassus v. tenuis, folia aculeata, v. inermia, spadicis gracilis pendulis, ramos gracilis. Fructus ellipsoides v. subglobosis parvis.

A. *Spatha interior aculeis aduncis e basi pius minus gibbosâ parvis armata v. raro subinermia.*

Vagina aculeis setosis rectis v. aduncis e
    basi gibbosâ armata, rachis spinis aduncis e basi gibbosâ sparse armati....... 9. A. *nemorosa* Barb. Rodr.
Foliolis inermis...................... 10. A. *oligacantha* (Barb. Rodr.) O.K
Vagina setis minimis densissime armata.
    Rachis spinis aduncis et basi gibbosâ armati .... 11. A. *macrodon* Barb. Rodr.

Vagina aculeis rectis nigris densis armata.. 12. A. *phengophylla* (Mart.) O. K.
  » aculeolis setulosis nigris pungenti-
    bus dense obtecta................. 13. A. *leptoclona* (Dr.) Barb. Rodr.
  » aculeis e basi gibbosa validis sparse
    armata, rachis spinis aduncis a basi
    gibbosâ armati.................... 14. A. *Philipiana* Barb. Rodr.
  » aculeis e basi gibbosâ rectis dense
    armata, rachis spinis aduncis spar-
    se armati....................... 15. A. *Paraensis* Barb. Rodr.
  » aculeolis acutis tuberculata v. hor-
    rida armata..................... 16. A. *setosa* (Mart.) O. K.

B. *Spatha aculeis setosis rectis armata*

Vagina aculeis rectis e basi gibbosâ armata, rachis spinis aduncis e basi gibbosa armati.

Foliolis inermis.................... 17. A. *caespitosa* Barb. Rodr.
  » aculeatis...................... 18. A. *phoenicocarpa* (B. Rodr.) O. K.
Vagina aculeis raro rectos armata.......... 19. A. *macroacantha* (Mart.) O. K.
  » rectis pungentibus cum minoribus
    mixtis dense horrido armata........ 20. A. *orthacantha* (Mart.) B. Rodr.
  » sub petiolo oppresse aculeata, ochrea
    aculeis longioribus brevioribusve in-
    termixte patentibus horrida........ 21. A. *lophacantha* (Mart.) B. Rodr.
  » aculeis fuscis dense oppressis laxius
    adspersâ .... 22. A. *pycnacantha* (Mart.) B. Rodr.
  » aculeis a basi gibbosâ rectis crassis
    cum minimis intermixtis armata.... 23. A. *polyacantha* (Mart.) O. K.

Sect. III. — **ÇUAÇUÁ** Barb. Rodr.

Caudex gracilis scandens, folia inermia raro aculeata, spatha interior iner-mia. Fructus minimis.

Vagina aculeis destituta, foliolis crispis.... 24. A. *inermis* Barb. Rodr.
  » aculeis destituta, petiolo inermi v.
    aculeis conico-reflexis armato ..... 25. A. *mitis* (Mart.) O. K.
  » brevissime setulosa, aculeolis rectis
    pungentibus armata............... 26. A. *leptospadix* (Mart.) O. K.
  » laevi v. tuberculata, foliolis saepius
    subtus aculeos 2 gerente rectos pun-
    gentes............................ 27. A. *riparia* (Spr.) O. K.
  » aculeis setiformibus nigris armata,
    foliolis supra sparse aculeatis...... 28. A. *pumila* (Trail.) O. K.

Gen. **ASTROCARYUM** Meyer

G. W. Mey. *Prim. Flor. Esseq. p. 265*; Mart. *Hist. Nat. Palm. II. pag. 69, tab. 52, 58, 59, 65, III pag. 287, 323; Palm. Orbign. pag. 84, tab. 4, fig. 1, 2, 13. f. 3, 29 C, 30 A*; Kunth *Enum. Plant. III pag. 271*; Endlich. *N.° 1769*; Karst. *in Linnaea XXVIII, pag. 245; Flor. Colomb. II, pag. 167, tab. 83*; Spruce *in Journ. Linn. Soc. XI pag. 157;* Wallace, *Palm. Amaz. pag. 100-111, tab. II, fig. 5, XXXVIII-XLIII;* Barb. Rod. *Enum. Palm. nov. pag. 20 et Protest. append. pag. 27 ; in Vellosia, Palm. Amaz. nov. pag. 101-107; Palm. Mattogros. nov. pag. 51 61 tab. XVII, XVIII, XIX ; Trail in Trim. journ. of bot. pag. 77;* Drude *in Mart, Flor. Bras. III, pag. 364, tab. 81-83 ; in Pflanzenfam. pag. 83, fig. 6, A, 19, 59, E, G. 60.; Teil III-IV pag. 57*, Griseb. *Flor. Br. W. Ind. pag. 521.* Benth. et Hook. *Gen. Plant. III. pag. 942; Index Kvv. I, pag. 240;* Baillon *Hist. des Plant. III, pag. 402.*

Monoeca in eodem spadice. *Spadix* interfoliaceus simpliciter ramosus. *Flores masc.* ad apicem ramorum numerosi, minimi in spicam cylindraceam dispositi, ebracteati, in alveolis solitariis emergenti, *fem.* pauci, magni ad basin ramorum 2-6 inserti. *Flor. masc.* : *Sepala* parva, connata, triangularia, acuta, valvata. *Petala* ovata v. obovata v. lanceolata, basi laeviter connata, acuta v. obtusa, valvata, saepius ad anthesin revoluta. *Stamina 6*, inclusa, *filamentis* linearibus, erectis, *antherae* lineares, basi bifidae, medio fixae, versatiles. *Germinodium* minimum, tripartitum. *Flor. fem.* : *Calyx* cupularis v. urceolatis, truncatus v. tridentatus, laevis v. setulosis. *Corolla* calycem majora, urceolaris, ore contracto, tridentato, laevis v. setulosa. *Androeceum abortivum* annularis, membranaceum, corolla tubo adnatus, truncato v. tridenticulato. *Ovarium* ovoideum v. subglobosum, laevis v. setulosum, triloculare, loculis duabus effoetis; *stylus* conicus, *stigmatibus* profunde tripartitis, flocosis, glutinosis, erectis v. recurvis, perianthio multo exsertis.

Drupa monosperma, ovoidea v. subglobosa v. oblonga v. turbinata, plus minusve rostrata, laevis v. setulosa v. aculeata, *stylo* terminali. *Epicarpio* fibroso v. submembranaceo, saepe irregulariter dehiscente, laevi, nitido v. tomentoso-setuloso v. aculeato, *mezocarpio* fibroso v. pulposo amylaceo v. pulposo-mucilaginoso, *endocarpio* osseo, oblongo v. obovoideo turbinato brunneo v. ater-brunneo, incrassato, vertice triporoso, poris fibris radiantibus stellata evolvente, basi obtuso v. acuto, v. acuminato. *Semen* obovoidea v. oblonga v. turbinata, *texta* fulva, v. brunnea, rapheos ramis reticulatis, *albumine* corneo, cavo, *embryo* poro uni oppositus.

Palmæ *salitariae v. caespilosae, raro acaules, saepius socialis, selvicolae v. campestris, elatae v. exselsae, annulatae, annulis aculeatis.* Folia *pinnatisecta saepe habitu crispo ; foliolis aequaliter approximatis v. in greges dispositis, planis v. divaricatis v. crispis, lineari-lanceolatis, acutis v. oblique acuminatis, subplicatis v. laevis, supra aterviridis, nitidis, subtus pallidioribus v. albis marginibus setosis v. aculeatis, basi conduplicatis, terminalibus minoribus, liberis v. confluentibus; petiolo tomentoso, setoso-aculeato v. aculeatissimo, brevis v. elongato, antice sulcato v. subrotundo.* rachi *tomentosa, aculeata v. aculeatissima, lateraliter compressa;* vagina *brevi, aperta, horrido-aculeata.* Spadices *elongati v. breves, erecti, saepe cernui, simpliciter ramosi ;* pedunculo *plus minusve aculeato tomentoso,* rachi *tomentosa, saepe aculeata,* ramis *erectis, basi incrassatis, saepe ad basin aculeatis, gracilis;* spathæ *duplae, exterior invaginantia, complanata, acuta tomentosa, extus minute aculeata, interior lignosa, lanceolata, cymbiformi, acuta, v. mucronata, erecta v. incurva, tomentosa, aculeata v. horrido-longe aculeata v. velutino-aculeolata, persistente.* Drupa *laevi, nitida, flavaarmeniaca, subcoccinea v. tomentosa, setulosa v. aculeata, fusca, brunnea, ovo colombini v. gallinacei magnitudine.*

OBS.—En étudiant ce genre. je l'ai déjà dit, (1) je m'aperçus tout d'abord qu'il présentait naturellement trois divisions, ayant chacune des caractères tels qu'on pouvait les prendre pour servir de base à trois genres différents.

Cependant je n'en ai profité que pour établir trois sections. Em comparant l'*Astrocaryum mumbaca* Mart., le vrai fruit étoilé, (*astron*, étoile, et *caryon* noyau) de Meyer, avec un *A. airy* Mart. ou avec l'*A. Jauary* Mart., on trouve immédiatement, à part les caractères des fleurs et des facies, de grandes différences dans les fruits. Le premier a le péricarpe déhiscent; le second, indéhiscent et sétuleux, et le dernier, indéhiscent et luisant.

---

(1)—*Vellosia, Contr. du Mus. bot de l'Amaz.* I (1888) pag. 47—2.me ed. I (1891), pag. 102.

Les trois sections établies, je les ai divisées plus tard, faisant servir les noms vulgaires des espèces typiques pour désigner les subsections.

Ces noms vulgaires sont tous d'origine karany ou guarany. Le mot *Jauary* veut dire : fruit dont le tronc vit dans l'eau, de *yá* fruit, *uá* tronc et *y* eau, avec le *r* euphonique. En effet, il croît dans l'eau.

Le mot *Mumbaca* veut dire : arbre qui chasse les fruits, de *mum* chasser, faire sortir, *ibac* arbre à fruit. L'épicarpe et l'endocarpe se déchirent et chassent les grains.

Le mot *airy*, corrompu de *náyry* veut dire : fruit qui donne de l'eau, de *ná* fruit et *yry* qui donne de l'eau. Des fruits de cette espèce on ne profite que de l'eau qu'ils donnent quand ils sont verts.

Le mot *Murumuru* est une corruption de *Mo-omburu* qui signifie : très maudit, de *moro* préfixe qui rend les verbes absolus, et *mburu* maudit. En réalité, toute la plante est couverte d'aiguillons très maudits, car ils sont très vénéneux et longs comme des poignards effilés.

Le mot *Chambira* est péruvien.

Dans cette clef analytique je néglige de mentionner l'*A. plicatum* Drude, parce qu'il est synonyme de l'*A. murumuru* Mart. dont on ne mange point les fruits. A Faro et à Villa Bella, il n'y a que l'espèce de Martius, laquelle, du reste, j'ai rencontrée partout.

Je ne cite pas non plus l'*A. segregatum* Drude, ni l'*A. tucumoïdé* Drude, car ils sont également synonymes de l'*Astr. tucumá* Mart., connu sous la dénomination de *Tucuma piranga*, que l'on trouve en abondance depuis le Pará jusqu'à la Guyane Française; il est cultivé à Rio de Janeiro au Jardin Botanique et au *Passeio Publico* d'où sont sortis tous les échantillons de cette plante qui existent dans les herbiers de l'Europe.

Sectionum, subsectionum et specierum clavis analytica.

Sect. I. — **LEIOCARPÆ** Barb. Rodr.

In Vellosia, *Palm. Amaz. nov., ed. 1ᵃ p. 47 (1888), ed. 2ᵃ (1891) pag. 102;* Drude *in Pflanzenf. II-IV p, 57.*

Flores feminei 2-5 contemporanei calyce glabro corollâ aculeatâ aut inermi. Fructus parvus v. magnus, pericarpio indehiscente inermi nitido, mezocarpio pulposo-sicco.

§ **Yauary** Barb. Rodr.

Epicarpio subfibroso nitido.

Drupâ parvâ obovato-globosâ luteâ........ 1. A. *Yauary* Mart.
  » subglobosâ flavâ .... 2. A. *acaule* Mart.
  , oblongâ flavo-viridiâ............... 3. A. *giganteum* Barb. Rodr.
  » ovatâ v. subglobosâ aurantiacâ..... 4. A. *caulescens* Barb. Rodr.
  » obovato-rostratâ virescente........ 5. A. *Huaimi* Mart.
  » oblongâ luteâ.................... 6. A. *leiospatha* Barb. Rodr.
  , subglobosâ flavâ................. 7. A. *arenarium* Barb. Rodr.
  » obovoïdeâ armeniacâ.............. 8. A. *echinatum* Barb. Rodr.
  » obovatâ v. pyramidato-rostellatâ.... 9. A, *Wedellii* Dr.
  » obovatâ-conicâ rostratâ............ 10. A. *pigmaeum* Dr.
  » ovatâ rostellatâ.................. 11. A. *Manaoense* Barb. Rodr.
  » viridescentiâ glabrâ.............. 12. A. *sclerophyllum* Dr. ?

§§ **Chambira** Barb. Rodr.

Epicarpio subcartilagineo-carnoso subnitido, mezocarpio pulposo-oleoso.

Drupâ magnâ oblongâ flavescente.......... 13. A. *tucumá* Mart.
  » magnâ globosâ aurantiacâ.......... 14. A. *Princeps* Barb. Rodr.
  , magnâ ovatâ miniatâ.............. 15. A. *vulgare* Mart.

Sect. II. — **ASTROCARPÆ** Barb. Rodr. l. cit.

Flores feminei solitarii calyce et corollâ dense aculeatis. Fructus parvus stylo longissimo et persistente pericarpio subcoccineo dehiscente in lacinias irregulariter diviso et endocarpium submittente.

§ **Mumbaca** Barb. Rodr.

*Calyce annuliformi et corollâ urceolatâ, androeceo abortivo libero. Epicarpio
inermi, mezocarpio pulposo.*

Drupâ ovatâ miniatâ...................... 16. A. *aculeatum* Meyer?
» obovatâ aurantiacâ.................. 17. A. *mumbaca* Mart.
» oblongâ coccinea .... 18. A. *gynacanthum* Mart.

§§ **Mumbacuçu** Barb. Rodr.

*Calyce et corollâ tridentatis, androeceo abortivo corollâ adnato. Epicar-
pio aculeato, mezocarpio pulposo.*

Drupâ oblongâ longe rostratâ rubro-auran-
tiacâ............................... 19. A. *Rodriguesii* Trail,
Drupâ oblongâ longe rostratâ flavo-auran-
tiacâ............................... 20. A. *acanthopodium* Barb. Rodr.

SECT. III. — **ACANTHOCARPÆ** Barb. Rodr. l. cit.

Flores feminei solitarii corollâ aculeatâ. Fructus magnus rostratus
pericarpio indehiscente fulvo v. brunneo violaceo, tomentoso setuloso
aut spiniscente raro inermi.

§ **Ayry** Barb. Rodr. (1)

A. *Epicarpio fibroso setuloso aut spinescente mezocarpio pulposo-farinaceo.*

Drupâ obovatâ vinoso-fuscâ, setulis cas-
taneis............................... 21. A. *Airy* Mart.
» turbinatâ fuscescente, setulis nigris.. 22. A. *farinosum* Barb. Rodr.
» rubiginosâ, setulis nigris............ 23. A. *sociale* Barb. Rodr.
» turbinatâ fuscescente, setulis brunneis 24. A. *Yauaperyensis* Barb. Rodr.
» oblongâ, flavo-fuscescente.......... 25. A. *Paramaca* Mart.
« pyriformi densi setosâ aculeatâ..... 26, A. *horridum* Barb. Rodr.

§§ **Murumuru** Barb. Rodr.

Epicarpio tenui argute setuloso, mezocarpio carnoso-aquoso-mucilaginoso

Drupâ pyriformi compressâ miniatâ....... 27. A. *Murumuru* Mart.

B. *Epicarpio tenui inermi, mezocarpio carnoso-mucilaginoso.*

Drupâ elongato-pyriformi aurantiacâ....... 28. A. *Chonta* Mart.

---

(1) *L'A. Airy* Mart., est connu aussi à S. Paul, à Minas Geraes et dans l'intérieur de Rio
de Janeiro sous le nom vulgaire de *Brejauba*, qui est une corruption de *Mbara-yu-ybá*, arbre
dont les *épines* sont *dures* et *droites*.

in Vellosia, Palm. Amaz. nov. ed 1888, pag. 47 ed. 1891. pag. 102.

§. YAUARY Barb. Rodr.

ASTROCARYUM GIGANTEUM Barb. Rodr. acaule v. caulescente, foliis
plurimis inaequaliter pinnatisectis, foliolis per jugis 2-4 natim aggregatis lïnearibus acuminatis ad basin reduplicatis erectis crispis, petiolo
cylindraceo tomento rubro-ferrugineo tecto subtus aculeis nigris validis
retrospectantibus per greges horrido supra aculei solitariis sparse armato. Spadix erectus, pedunculo ferrugineo tomentoso inermis raro paulo
aculeato, rachis brevi albo-tomentosi, spatha lanceolatâ acuminatâ ere-
ctâ ad apicem fornicatâ aculeatissimâ. Drupa oblonga ad verticem acuta
flavo-viridia.

Tab. X fig. C.

Caudex nullus v. caulescente, $3^m \times 0,^m 22$ lg., annulatus, annulis prominentibus, valde approximatis, internodiis ad apicem aculeatis. *Folia* 10-14
contemporanea, erecto-curva, interrupte pinnata, 6^m-7^m lg.; *petiolo* $1,^m 5$
lg., ad basin anguste lanceolata, dein cylindraceo, tomento rubro-ferrugineo tecto, aculeatissimo, aculeis compressis ad marginam saepe laceratis nigris nitentibus retrospectantibus per greges in dorsum horrido, supra aculeis solitariis sparse armato, *rachis* $5,^m 5$-$5,^m 8$ lg., dorso convexa supra bifa-
cialia inermis v. in basi raro aculeata; *foliolis* 90-100 utrinque, per greges
2-4 natim, $0,^m 03$-$0,^{m} 10$ lg. inter se distantes, linearibus, acuminatis, ad
marginam raro ciliatis, oblique insertis, erectis, ad basin reduplicatis, tordo-
crispis, nervo medio subtus prominente, supra veridi-nitentibus subtus flavescens, $0,60$-$0^m,65 \times 0,025$-$0^m,033$ lg., extimis minoribus. *Spadix* 1-3 con-
temporaneus, erectus, inter foliis erupentes, pedunculo cylindraceo-com-
presso, brunneo-ferrugineo tomentoso, inermis, rarissime aculeato,
1^m-$1^m,30$ lg., *rachis* brevis, albo-tomentosa, *ramis* plurimis, compressis albo-
tomentosis; *spatha* exteriore erecta, ad marginam ancipitata, tomentosa, saepe

aculeata, interiore lanceolata acuminata, ad basin attenuata, pedunculum involuta, ad apicem circumflexa fornicata, brunneo-ferrugineo tomentosa, horrido aculeata, aculeis aggregatis, patentibus, erectis, nigris. *Flor. masc.* non vidi. *Flor. fem.* 2-5 ad basin ramorum, *calyx* trifidus, laciniarum sub-triangularibus, argute ad oram ciliatus, *corolla* calycem duplo majora, urce-olata, profunde tridentata; *ovarium* conicum in stylo compresso excurrente; *stigmate* tripartito. *Drupa* oblonga, 0,^{m}04×0,^{m}025 lg., *epicarpio* flavo-viridis nitido, *mezocarpio* vittelino, soluto, *endocarpio* osseo, obovato, atro-brun-neo, fibrarum reticulato, *albumine* corneo, curvo, embryone cylindrico.

Hab. *in silvis paludosis arenaceis ad* Mararu *prope* Santarem *et ad lacum* Juncal *in* Obydos, *in* Provincia Paraensi. *Fructificat Dec. ad Aprili. Indii vocant* Tucumá-y da vargem.

Ce palmier peut être considéré comme étant un *Astrocaryum acaule* Mart., gigantesque et caulescent. L'habitus est parfaitement semblable ; mais il s'en éloigne par sa grandeur, par les fleurs femelles, et les fruits qui sont beaucoup plus grands.

Qui a vu les *A. acaules*, que Martius trouva dans les *caatingas* du Rio Negro, ou à la Cachceira Grande près de Manáos, où il vit en so-ciété et où Spruce le rencontra, ne peut jamais confondre les deux espèces. Le *giganteum* croît dans des endroits marécageux, et l'autre, dans les plaines sablonneuses où je l'ai toujours rencontré.

Au Jardin de Rio, on trouve cultivée l'espèce de Martius, provenant des graines que j'envoyai de Manáos en 1873. L'*A. acaule* aime les en-droits champêtres très exposés au soleil, et le *giganteum*, l'ombre des fo-rêts et les endroits très humides.

L'Astr. acaule présente aussi, quelquefois quand il est très vieux, une tige qui peut s'élever jusqu'à trois mètres, comme je l'ai vu à Oby-dos et sur les rives du Trombetas ; mais cela est rare. Cette tige, néan-moins, ne se confond pas avec celle du *giganteum*, car elle présente une autre conformation qui n'est pas celle des vieux palmiers acaules.

Cette espèce, que je découvris en 1872, à Santarem, est restée, par mégarde, dans l'oubli jusqu'à aujourd'hui, quoique décrite et dessinée.

Gen. **ACROCOMIA** Mart.

ACROCOMIA Mart. *Hist. nat. palm. II pag. 66, tab. 56, 57; III, pag. 285, 322; 'Palm. Orbign. pag. 78, tab. 9, fig. 1 et 29 B;* Kunth *E- num. Plant. III pag. 271;* Endlich *Gen. plant. pag. 255 n. 1768;* Walpers *Ann. bot. syst. I. pag. 1007, V. pag. 822;* Wallace *Palm. Amaz. pag. 96, tab. XXXVII;* Drude *in Mart. Flor. 'Bras. III p. II pag. 388, tab. LXXXIV; fig. 1-2; in* Pflanzenfam. II, 3. *pag. 83;* Benth. et Hook. *Gen. Plant. III. pag. 943;* Barb. Rodr. *in Palm. Amaz. nov. pag. 107; in Plant. nov. cult. Jard. 'Bot. Rio de Janeiro, V. pag. 11, tab. N, A fig. a-i; in Palm. Mattogros. nov. pag. 47, tab. XVI, fig. B;* Baillon, *Hist. des Plant. XIII, pag. 404;* Lindman, *Bei- trag zur Palmenpfl. SudAmer. pag. 16.*

Monoeca in eodem spadice simpliciter ramoso cernuo. *Spathae* duplae, exteriore lanceolato-acuta, apice fissa, dorso aculeata, interiore cymbiformi, ignosa, mucrunato-rostrata, extus tomentosa horrido aculeata v. vellutina. *Flores* masc. in alveolis solitarii profunde immersi, parvi in apicem amen- tiformibus ramorum densissime conferti, fem. 3-12, magni, ad basin ra- morum sessiles, bracteati, solitarii utrinque duabus floribus masc. longe pendunculati stipati. *Flor. masc.: sepala* minutissima, ovato-oblonga, acuta; *petala* multo majora, libera, oblonga, acuta, erecta, concava, valvata. *Sta- mina* 6, disco carnoso inserta, corollam aequilonga, *filamentis* linearibus, erectis; *antherae* lineares, basi bifidae, dorsi fixae, versatiles. *Germinodium* minimum, tripartitum. *Flor. fem.* conici v. ovoidei v. oblongi, masculis multo majores; *sepala* lato-ovata, reniformi, acuta, basi imbricata v. connato- imbricata; *petala* longiora crasse coriacea, libera v. basi connata, convolu- tivo imbricata. *Androeceum abortivum* urceolatum, 3-6 dentatum, corollae adnatum. *Ovarium* oblongum v. ovoideum, setulosum, 3 loculare, loculis 1-2- effoetis; *Stigmata* tripartita, recurva. *Drupa* 1-2-sperma, globosa, gla- bra v. argute setulosa, setulis caducis, *stylo* vestigiis terminali; *epicarpio* te- nui, cartilagineo indurato, fragilis, laevis, nitido, olivaceo; *mezocarpio* pul- poso-gommoso, amylaceo, flavescens; *endocarpio* fibroso, crasso, osseo, ater- brunneo, globoso v. depresso v. utrinque subacuto, triporoso. *Semen* globosum, *texta* rapheos ramis reticulata, *albumine* corneo, subcavo, embryo poro uni opposito.

Palmæ *procerae, solitariae. Caudice aculeato v. dense et horrido longe aculeato, raro subinermis, saepe medio v. apicem ventricoso.* Folia *numerosa, pinnatisecta, vagina brevi, aperta, dorso carinata, aculeatissima v. inermia, caduca v. marcescentia; petiolo et rachi setulosis pauci aculeatis v. horrido longe aculeatis, foliolis lineari-lanceolatis, acuminatissimis v. oblique acuminatis, marginibus nudis, basi conduplicatis, divaricatis, crispatis.* Spadix *pedunculatus, aculeatus cylindraceus, ramis erectis, crassiusculis, parte fem. floribus remotis, masc. elongata, cylindracea.* Spathae 2, *exteriore tomentosa, aculeata, interiore lignosa vellutina v. horrido-aculeata, persistentia.* Flores *odorati, ochroleuci.* Drupa *olivacea v. subflava, parva v. magna.*

Sectionum clavis analytica.

Sect. I. — **TRICHOSPATHA** Barb. Rodr.

Caudex elatus 3,^{m}20×0,^{m}1-0,^{m}30 lg., vaginis petiolorumque basibus caducis, paulo aculeatus v. subinermis, saepius ventricosus, foliis amplis concinnis pectinatis subcrispis, pedunculo plus minusve aculeato v. inerm`. Spadices nutans, spatha interiore asper-vellutino-pellita,

* Fructus magnus, epicarpio crasso....	*A. intumescens* Dr.
	A. glaucophylla Dr.
** Fructus parvis, epicarpio tenui......	*A. Mokayáyba* Barb. Rodr.
	A. microcarpa Barb. Rodr.
	A. odorata Barb. Rodr.

Sect. II. — **ACANTHOSPATHA** Barb. Rodr.

Caudex elatus vaginis petiolorumque persistentibus aculeatissimus, foliis amplis concinnis subcrispis, pedunculo aculeato. Spadices nutans, spatha interiore horrido-aculeata, v. vellutino-pellita sparse brevi aculeata.

* Fructus magnus, epicarpio crasso ...	*A. sclerocarpa* Mart.
	A. Totai Mart.
** Fructus parvis, epicarpio tenui......	*A. erioacantha* Barb. Rodr.

ACROCOMIA ERIOACANTHA Barb. Rodr.. Caudex procerus aculeatus, petiolorum basibus persistentibus praeditus, foliis arcuatis subcrispatis, ad petiolum supra convexum subtus brunneo-tomentosum argute

setosum sparse aculeatum, foliolis suboppositis irregulariter insertis e
basi circumflexâ lineari-lanceolatis longe acuminatis ad apicem crispis,
in facie inferiore laeviter pillosis, caesiis, extimis patulis, spadix brevi pedunculatus brevi aculeatus spathâ interiore villoso-sericeâ argute
setosâ sparse aculeatâ mucronatâ; floribus fem. 1—4 contemporaneis
subglobosis, sepalo petalisque brevi ciliatis, ovario pubescens intra corollam incluso; drupis parvis subgloboso-compressis.

Caudex 6^m-10^m×0,^{m}30-0,^{m}35 lg., petiolorum basibus persistentibus
praeditus, aculeatus, aculeis nigris, parvis, erectis, acutissimis armatus.
Folia 20-26 contemporanea, 3,^{m}50-3,^{m}70 lg., *petiolus* ad basin aculeis
0,^{m}03-0,^{m}14 lg., validis, erectis pungentibus hirtus, ad apicem supra conve-
xus argute aculeatus, subtus brunneo-tomentosus argute setulosus, sparse
aculeatus, aculeis parvis, erectis, ater-brunneis, nitidis a basi villosis, *rachis*
3^m lg. superne ad basin convexa, ad apicem plana et acuta, laeviter setosa,
inferne brunneo-tomentosa, argute setosa, sparse brevi aculeata, *foliolis*
inaequaliter dispositis, erectis et patentibus, ad apicem recurvis, regulariter insertis, supra nitidis, subtus opacis, inferiore 0,^{m}45×0,^{m}008-0,^{m}012
lg., medio 0,85×0,^{m}046 lg., extimis 0,20×0,^{m}005-0,^{m}015 lg., patulis,
(Ang. 80°-100°), nervo medio flavo, supra prominente, inermis. *Spadix*
intra folia erupentes primum erectus denique pendulus, 0,95-1^m lg.,
pedunculo 0^m,50 lg., fulvo-cotonoso, brevi horrido-aculeato, aculeis a
basi fibroso-cotonoso, parvi aculeato, *rachis* 0^m,45 lg., *ramis* 0,^{m}2-0,^{m}25
lg., inferne tortuosis, mutua pressione compressis, ad basin breviter et sparse
setulosis. *Spatha* exteriore 0^m,50×0^m,20 lg., lanceolata. cotonoso-cinna-
momeo-tomentosa, antice convexa, brevi aculeata, postice ad apicem
brevi aculeata, plana; interiora 1^m,10×0^m,30 lg., oblonga, navicularia, brevi
mucronata, 1^{in} lg., extus cinnamomeo villoso-sericea, argute setulosa,
sparse aculeis parvis ad basin villosis erectis armata. *Flores masc.* ochroleuci, ad apicem ramorum campacti, 0,^{m}007-0,^{m}008 lg., a basi angusti, *calyce*
quam corolla multo breviore, *sepalis* liberis, imbricatis, sub-rhomboidalibus
v. subrotundis, ad marginam ciliolatis, subcarinatis, obtusis; *petalis* oblongis, obtusis, concavis, erectis; *filamentis* petala aequalibus; *antheris* exsertis
supra medium affixis; *germinodium* minimum, oblongum, trifidum, ro-
seum. *Flores fem.* flavo-viridi, 1-4 contemporanei, in scrobiculis patellifor-
mibus sessili, 0,^{m}015×0,010 lg.; *calyce* trisepalo, corollam triplo minore,

sepalis subrotundis, ciliolatis, o,'''003×o,'''005 lg. *petalis* liberis, convolutis, late lanceolatis, subacutis, ciliolatis, cum androeceum rudimentarium .connexis, ovarium brevioribus. *Ovarium* oblongum, albo-tomentosum, *stigmatibus* recurvis. *Drupa* o,'''025-0,'''030 lg., *epicarpio* tenui, flavescens.

Hab. *in insula Saraká ad flumen* Urubú, *in Amazonas. Culta in* Jardim Botanico do Rio de Janeiro. *Flor Febr.* Mucayá merim *vulgariter.*

Cette espèce croît dans les forêts de l'île de Saraká où je ne l'ai pas vue, mais où j'en obtins, en 1873, quelques fruits, d'un petit indien qui me promit de me conduire à l'endroit où se trouvaient les palmiers qui les produisaient. A la même époque j'envoyai ces fruits au Jardin Botanique de Rio de Janeiro. Je devais partir sous peu, et, comme l'indien ne reparut plus avant mon départ, je dus m'en aller sans qu'il me fût possible de voir le palmier qui produisait les fruits obtenus. Je vis, par les fruits, qu'il s'agissait d'un palmier inconnu, et je recommandai à un individu, qui me devait quelques centaines de mille réis et qui connaissait le palmier en question, de m'envoyer à la ville d'Obydos le matériel nécessaire à l'étude, en échange de sa dette. Malheureusement je n'ai jamais vu ni l'argent ni le palmier.

Des palmiers venus des noyaux qu'à cette époque j'avais envoyés au Jardin Botanique de Rio, c'est par hazard que, en 1890, j'en trouvai deux de cette espèce qui, abandonnés parmi plusieurs autres, végétaient très chétivement. En reconnaissant, par un *Astrocaryum acaule* et un *Bactris concinna* Mart., que ces palmiers étaient ceux que j'avais envoyés, je les fis aussitôt transplanter et ils ne tardèrent pas à pousser. Il y a douze ans que je les fis mettre en terre, et, actuellement vigoureux et bien developpés, ils viennent de fleurir. En l'étudiant, j'ai vu que j'avais eu raison de m'intéresser pour cette espèce, et le hazard m'a très heureusemeut payé ce que mon débiteur ne s'inquiéta point de faire.

C'est l'histoire de cette nouvelle espèce que je présente, pour me justifier de pas l'avoir fait il y a presque 30 ans. Au premier abord, on la distingue de toutes les espèces connues par les folioles qui, au lieu d'être longues, minces, presque unies et pendantes, sont, au contraire, très ouvertes, petites, dures et disposées en éventail, outre qu'elles sont toutes plus larges et azurines en dessous.

Les fruits ont l'épicarpe mince, non cassant et adhérent au mézocarpe. Ils sont très odorants et très bons à manger.

Gen. **GEONOMA** Willdn.

Geonoma Yauaperyensis Barb. Rodr. Caudex gracilis arundina-
ceus proxime annulatus, foliis brevioribus ambitu lanceoloto aequaliter pinnatifidis, foliolis aproximatis utrinque multis lineari-lanceolatis, falcato-acuminatissimis, apicalibus latissimis furcam bipartitam
formantibus.

Caudex 1ᵐ-1,ᵐ50×0,ᵐ01 lg., flavidus, annulatus, annulis 0,ᵐ02-0,ᵐ03
inter se distantes salientibus. *Folia* 8-10 contemporanea, subrecurva, *petiolus* 0.ᵐ30 lg., basi vaginantibus, tomento fulvo adspersus, super canaliculatus, subtus subcarinatus, *rachis* 0,ᵐ48 lg., super bifacialis, subtus appla-
natus, *foliolis* 17 utrinque, inferiores et medianis 0,ᵐ18×0,01 lg., nervis
utrinque prominentibus, subtus fulvo-tomentosis, 1 nervatis, rarissime 2
nervatis, apicalibus minoribus et latioribus, falcatis, 12 nervatis, acuminatissimis. Nullas flores et fructus inveni.

Hab. *in silvis udis umbrosis fluvii* Yauapery *in* Rio Negro, *prope* Chi-
chiuahu *et* Maháua. *In Julio sine flor. et fruct.*

Cette espèce fut trouvée le 3 Juillet 1884, pendant le temps que
j'étais au milieu des sauvages Krichanás, tribu que je pacifiai après des
années d'une lutte sanglante qui eut lieu contre eux. Je la rencontrai sans
fleurs ni fruits, et telle était l'occupation que j'avais au sujet des Indiens,
qu'il ne me fut point possible de chercher ces éléments de classification.
De cette espèce plusieurs individus que je trouvai avaient tous le
même facies et les mèmes formes dans les feuilles. Elle resta oubliée dans
mon herbier et ce n'est que plus tard que je l'ai décrite, la considérant
être une espèce inconnue : et comme telle je la présente.

Jardin Botanique le 4 Février 1902.

PASSIFLORA ALLIACEA Barb. Rodr.

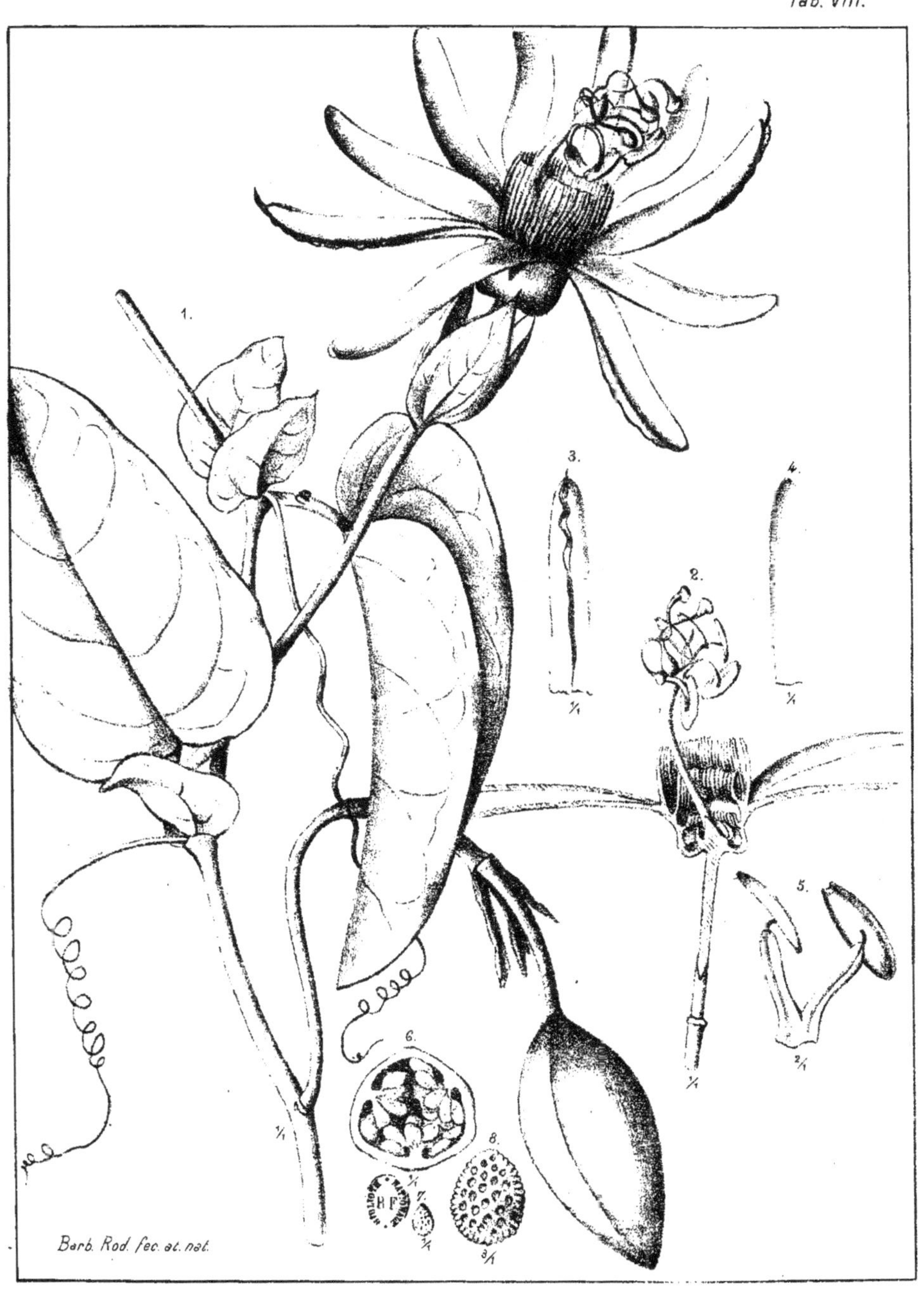

PASSIFLORA AETHEDANTHA Barb. Rodr.

A.-PASSIFLORA VERNICOSA Barb. Rodr.   B.-PASSIFLORA EDULIS SIMS
C.-PASSIFLORA IODOCARPA Barb. Rodr

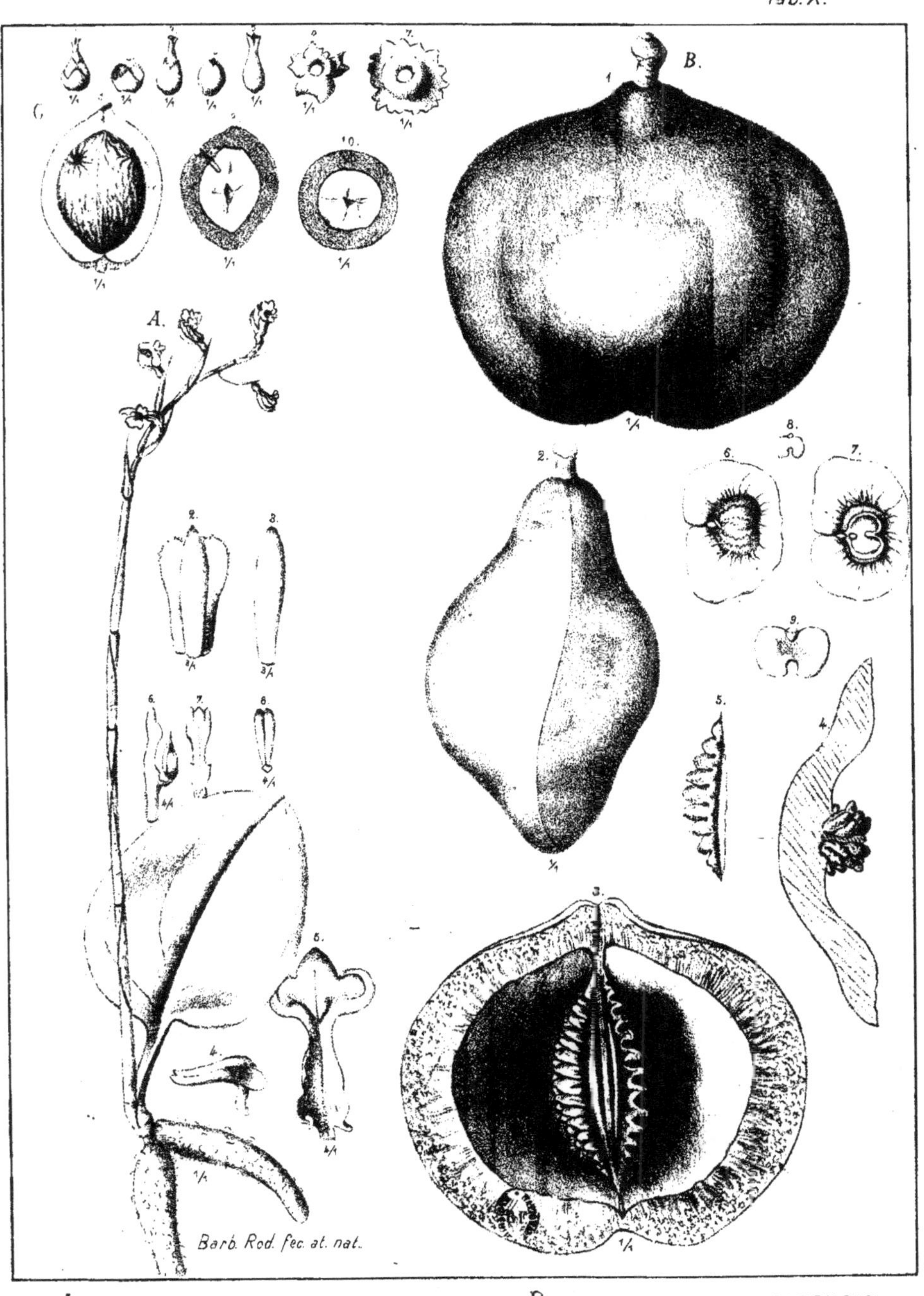

Barb. Rod. fec. at. nat.

A.~ STENORRHYNCHUS VENUSTUS
B.~ JACARANDA CHAPADENSIS
C.~ ASTROCARYUM GIGANTEUM

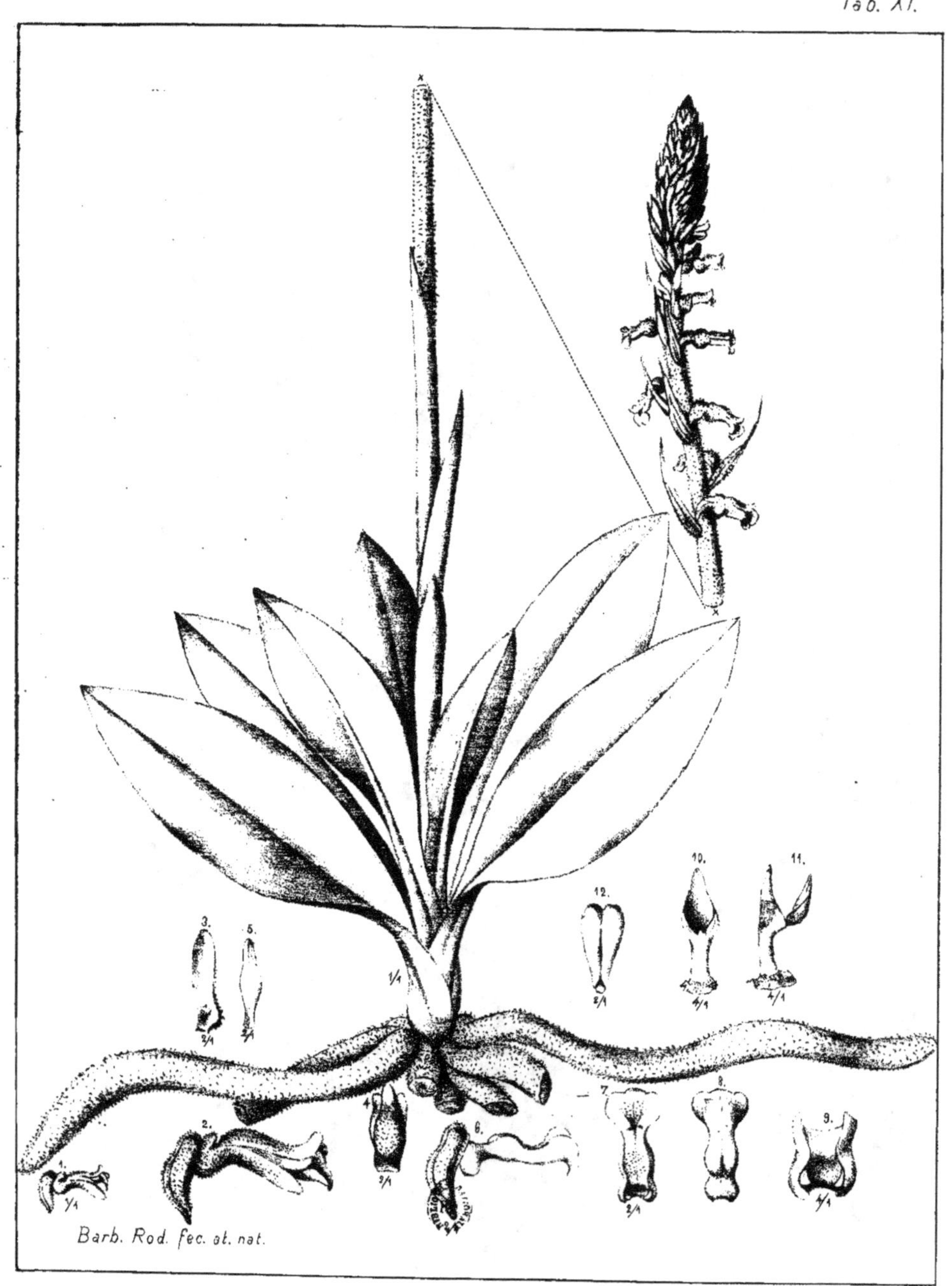

STENORRHYNCHUS TAQUAREMBOENSIS Barb. Rodr.

EXPLICATION DES PLANCHES

PLANCHE VII. *Passiflora alliacea* Barb. Rodr. 1, Une tige avec une feuille entière, des vrilles, une fleur et un fruit, de grandeur naturelle. 2. Une fleur coupée verticalement, deux fois plus grande. 3. Un sépale, gr. nat.. 4. Un pétale, gr. nat.. 5. Les filets de la couronne supérieure 3 fois grossis. 6. Un morceau de la couronne médiane, 3 fois grossi. 7. Deux étamines, vues par derrière, 2 fois grossies. 8. Coupe transversale du fruit, montrant les grains disposés en deux séries dans chaque placenta, gr. nat.. 9. Une graine, gr. nat.. 10. Une graine, trois fois grossie.

PLANCHE VIII. *Passiflora aethcoantha* Barb. Rodr. 1. Une tige avec des feuilles, des bractées, des vrilles, une fleur et un fruit, gr. nat.. 2 Coupe verticale d'une fleur, gr. nat.. 3. Un sépale, gr. nat.. 4. Un pétale, gr. nat.. 5. Deux étamines et deux anthères vues de côté et par derrière, deux fois grossies. 6. Coupe transversale d'un fruit, gr. nat.. 7 Une graine, gr. nat,. 8. Une graine, trois fois grossie.

PLANCHE IX. *Passiflora vernicosa* Barb. Rodr. FIG. A. 1. Un morceau de tige avec une feuille, une vrille, et une fleur, gr. nat.. 2. Coupe verticale d'une fleur, gr. nat.. 3. Base du gynandrophore coupée transversalement, deux fois grossie. 4. Un fruit, gr. nat..

FIG. B. Coupe longitudinale d'une fleur du *P. edulis* Sims, gr. nat..

FIG. C. Coupe longitudinale, d'une fleur du *P. iodocarpa* Barb. Rodr. grandeur naturelle.

PLANCHE X. FIG. A. *Stenorrhynchus venustus* Barb. Rodr. 1. Une plante entière, avec des fleurs, gr. nat.. 2 le sépale supérieur et les pétales vus par derrière, trois fois grossis. 3. Un sépale inférieur, trois fois grossi. 4. Le labelle vu de côté, trois fois grossi. 5. Le labelle vu par dessus, et étalé, quatre fois grossi. 6. La colonne et l'anthère, vues de côté. 7. La colonne, vue de face, quatre fois grossie. 8. Les pollinies. quatre fois grossies.

FIG. B. *Jacarandá Chapadensis* Barb. Rod. 1. Un fruit entier, vu de face, gr.nat. 2. Le même vu de côté, gr. nat.. 4 Coupe transversale du même,gr. nat.. 5. Un placenta, gr. nat.. 6. Une graine, gr. nat.. 7. La même, montrant le cotylédon. 8. Le cotylédon gr. nat.. 9. Le cotylédon. deux fois grossi.

Fig. C. *Astrocaryum giganteum* Barb. Rodr. 1. Une fleur femelle. 2. le calice de cette même fleur. 3. La corolle et l'ovaire. 4 La corolle. 5. L'ovaire. 6. Le calice de l'induvie. 7. La corolle de l'induvie vue de l'extérieur. 8 Un fruit montrant l'endocarpe. 9. L'endocarpe coupé verticalement, montrant l'albumen et l'embryon. 10 Coupe transversale de l'endocarpe et de l'albumen, tous de grandeur naturelle.

PLANCHE XI. *Stenorrhynchus Taquaremboensis* Barb. Rodr. Une plante entière avec des fleurs, gr. nat.. 1 Une fleur vue de côté, gr. nat.. 2. La même, deux fois grossie. 3. Un sépale inférieur, deux fois grossi. 4. Le sépale supérieur et les pétales vus par derrière, deux fois grossis. 5. Un pétale, deux fois grossi. 6. L'ovaire et le labelle. vus de côté, deux fois grossis. 7. Le labelle, vu par dessus, deux fois grossi. 8. Le même vu par derrière, 9. La partie inférieure du labelle, vue par dessus, quatre fois grossie. 10. La même, vue de côté, montrant l'anthère droite, quatre fois grossie.